학년별 학습 구성

"" 교과서 모든 ...
수학 기초 실 ... 향상 ""

수학 영역	1학년 | 1~2학기	2학년 | 1~2학기	3학년 | 1~2학기
수와 연산	• 한 자리 수 • 두 자리 수 • 덧셈과 뺄셈	• 세 자리 수 • 네 자리 수 • 덧셈과 뺄셈 • 곱셈 • 곱셈구구	• 세 자리 수의 덧셈과 뺄셈 • 곱셈 • 나눗셈 • 분수 • 소수
변화와 관계	• 규칙 찾기	• 규칙 찾기	
도형과 측정	• 여러 가지 모양 • 길이, 무게, 넓이, 들이 비교하기 • 시계 보기	• 여러 가지 도형 • 시각과 시간 • 길이 재기(cm, m)	• 평면도형, 원 • 시각과 시간 • 길이, 들이, 무게
자료와 가능성		• 분류하기 • 표와 그래프	• 그림그래프

수학은 **수와 연산 영역이 모든 영역의 문제를 푸는 데 연계**되기 때문에
모든 단원에서 연산 학습을 해야 완벽한 수학 기초 실력을 쌓을 수 있습니다.
특히 초등 수학은 **연산 능력이 바탕인 수학 개념이 많기 때문에**
모든 단원의 개념을 기초로 연산 실력을 다져야 합니다.

큐브 연산

4학년	1~2학기	**5학년**	1~2학기	**6학년**	1~2학기
• 큰 수 • 곱셈과 나눗셈 • 분수의 덧셈과 뺄셈 • 소수의 덧셈과 뺄셈		• 약수와 배수 • 수의 범위와 어림하기 • 자연수의 혼합 계산 • 약분과 통분 • 분수의 덧셈과 뺄셈 • 분수의 곱셈, 소수의 곱셈		• 분수의 나눗셈 • 소수의 나눗셈	
• 규칙 찾기		• 규칙과 대응		• 비와 비율 • 비례식과 비례배분	
• 각도 • 평면도형의 이동 • 수직과 평행 • 삼각형, 사각형, 다각형		• 합동과 대칭 • 직육면체와 정육면체 • 다각형의 둘레와 넓이		• 각기둥과 각뿔 • 원기둥, 원뿔, 구 • 원주율과 원의 넓이 • 직육면체와 정육면체의 겉넓이와 부피	
• 막대그래프 • 꺾은선그래프		• 평균 • 가능성		• 띠그래프 • 원그래프	

1 네 자리 수

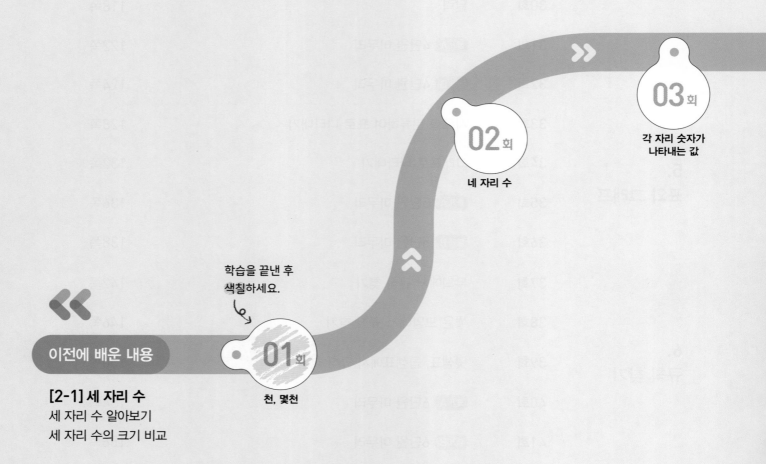

학습을 끝낸 후
색칠하세요.

이전에 배운 내용

[2-1] 세 자리 수
세 자리 수 알아보기
세 자리 수의 크기 비교

01회
천, 몇천

02회
네 자리 수

03회
각 자리 숫자가
나타내는 값

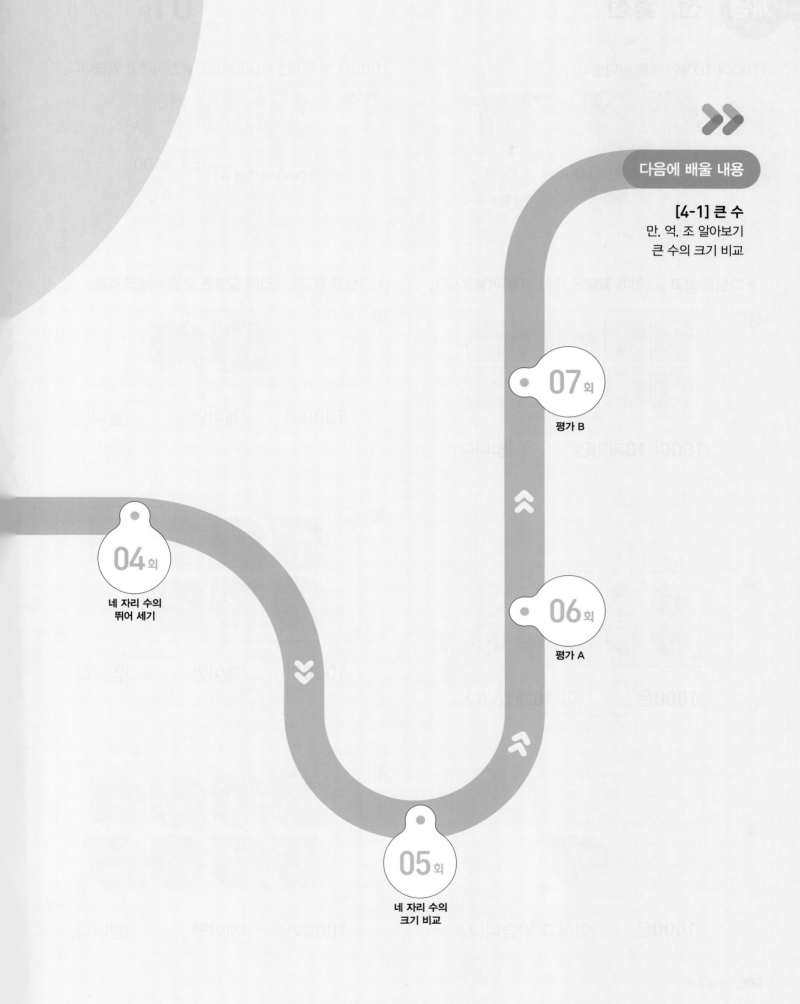

다음에 배울 내용

[4-1] 큰 수
만, 억, 조 알아보기
큰 수의 크기 비교

07회
평가 B

06회
평가 A

04회
네 자리 수의
뛰어 세기

05회
네 자리 수의
크기 비교

100이 10개인 수를 알아봅니다.

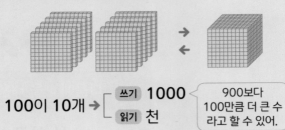

100이 10개 → [쓰기 **1000** / 읽기 **천**] 900보다 100만큼 더 큰 수라고 할 수 있어.

1000이 ■개이면 ■000이고, ■천이라고 읽습니다.

1000이 3개 → [쓰기 **3000** / 읽기 **삼천**]

◆ 그림을 보고 ◯ 안에 알맞은 수나 말을 써넣으세요.

1

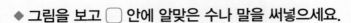

100이 10개이면 ⬜ 입니다.

2

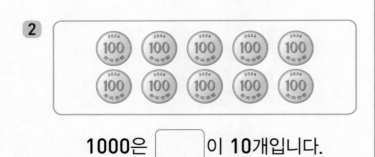

1000은 ⬜ 이 10개입니다.

3

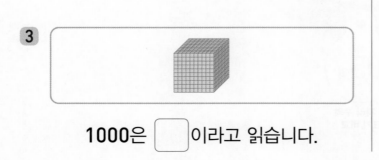

1000은 ⬜ 이라고 읽습니다.

◆ 그림을 보고 ◯ 안에 알맞은 수를 써넣으세요.

4

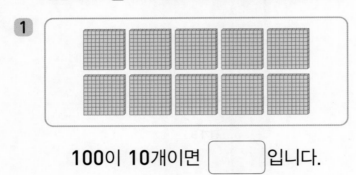

1000이 ⬜ 개이면 ⬜ 입니다.

5

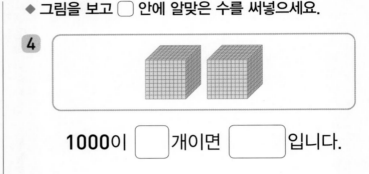

1000이 ⬜ 개이면 ⬜ 입니다.

6

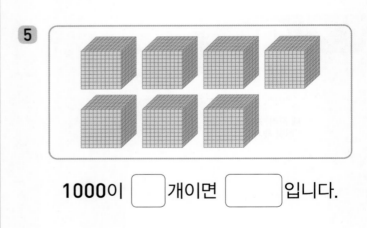

1000이 ⬜ 개이면 ⬜ 입니다.

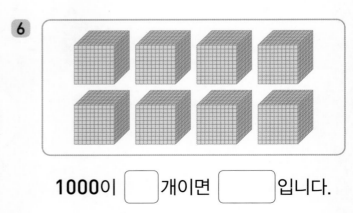

★ 완성 네 자리 수의 뛰어 세기

◆ 주어진 조건에 맞게 뛰어 세면서 선으로 이어 보세요.

34 1329부터 10씩 뛰어 세기

35 5348부터 1씩 뛰어 세기

36 2257부터 100씩 뛰어 세기

37 2956부터 1000씩 뛰어 세기

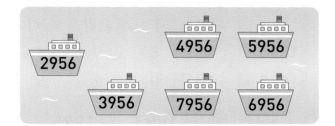

38 9741부터 1씩 뛰어 세기

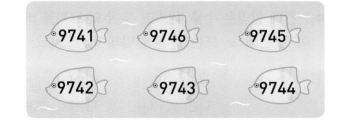

39 3491부터 1000씩 뛰어 세기

1단원
04회

◀ +문해력 ▶

40 성민이의 저금통에는 **3800**원이 들어 있습니다. 다음 달부터 매달 **1000**원씩 저금한다면 **3**달 동안 저금한 후에 저금통에 들어 있는 돈은 모두 얼마일까요?

풀이 3800부터 [   ]씩 뛰어 셉니다.

→ 3800 — [   ] [   ] [   ]

답 3달 동안 저금한 후에 저금통에 들어 있는 돈은 모두 [   ]원입니다.

천, 백, 십, 일의 자리 수를 차례로 비교합니다.
높은 자리의 수가 클수록 큰 수입니다.

	천의 자리	백의 자리	십의 자리	일의 자리
1893 →	1	8	9	3
1925 →	1	9	2	5

천의 자리 수가 같으니까 백의 자리 수를 비교해.
1893 < 1925
8 < 9

천의 자리 수가 다른 경우 → 2819 < 3284
2 < 3

천의 자리 수가 같고 백의 자리 수가 다른 경우 → 3475 > 3291
4 > 2

천, 백의 자리 수가 같고 십의 자리 수가 다른 경우 → 5219 < 5267
1 < 6

천, 백, 십의 자리 수가 같고 일의 자리 수가 다른 경우 → 9726 < 9728
6 < 8

◆ 빈칸에 알맞은 수를 써넣고, 두 수의 크기를 비교하여 ○ 안에 > 또는 <를 알맞게 써넣으세요.

1

	천의 자리	백의 자리	십의 자리	일의 자리
1527 →	1	5	2	7
2486 →				

1527 ○ 2486

2

	천의 자리	백의 자리	십의 자리	일의 자리
3492 →	3	4	9	2
3625 →				

3492 ○ 3625

3

	천의 자리	백의 자리	십의 자리	일의 자리
5196 →				
5178 →				

5196 ○ 5178

◆ 두 수의 크기를 비교하여 ○ 안에 > 또는 <를 알맞게 써넣으세요.

4 1608 ○ 2167
1 ○ 2

5 3528 ○ 3465
5 ○ 4

6 6125 ○ 6130
2 ○ 3

7 8546 ○ 8543
6 ○ 3

8 9789 ○ 9788
9 ○ 8

다음에 배울 내용

[3-1] 곱셈
올림이 없는 (몇십몇) × (몇)
올림이 있는 (몇십몇) × (몇)

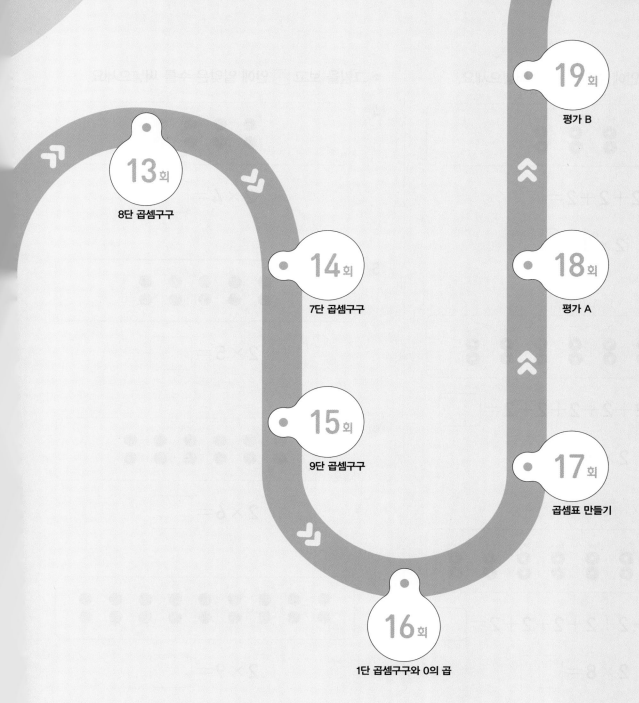

19회
평가 B

13회
8단 곱셈구구

14회
7단 곱셈구구

18회
평가 A

15회
9단 곱셈구구

17회
곱셈표 만들기

16회
1단 곱셈구구와 0의 곱

2×6을 그림으로 나타내어 알아봅니다.

2씩 6묶음은 2의 6배입니다.

덧셈식 $2+2+2+2+2+2=12$
6번

곱셈식 $2×6=12$ 2×6은 2씩 6번 더한 것과 같아.

2단 곱셈구구에서는 곱하는 수가 1씩 커지면 그 곱은 2씩 커집니다.

2단 곱셈구구

$2×1=2$	$2×4=8$	$2×7=14$
$2×2=4$ $+2$	$2×5=10$	$2×8=16$
$2×3=6$	$2×6=12$	$2×9=18$

◆ 그림을 보고 ☐ 안에 알맞은 수를 써넣으세요.

1

$2+2+2=\boxed{}$

$2×3=\boxed{}$

2

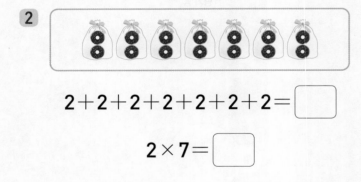

$2+2+2+2+2+2+2=\boxed{}$

$2×7=\boxed{}$

3

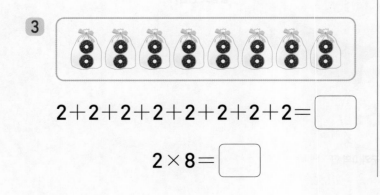

$2+2+2+2+2+2+2+2=\boxed{}$

$2×8=\boxed{}$

◆ 그림을 보고 ☐ 안에 알맞은 수를 써넣으세요.

4

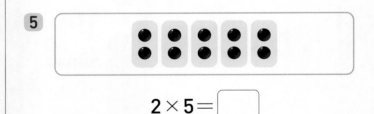

$2×4=\boxed{}$

5

$2×5=\boxed{}$

6

$2×6=\boxed{}$

7

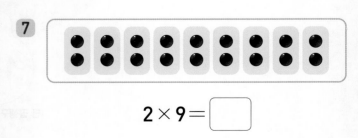

$2×9=\boxed{}$

다음에 배울 내용

[3-1] 곱셈
올림이 없는 (몇십몇)×(몇)
올림이 있는 (몇십몇)×(몇)

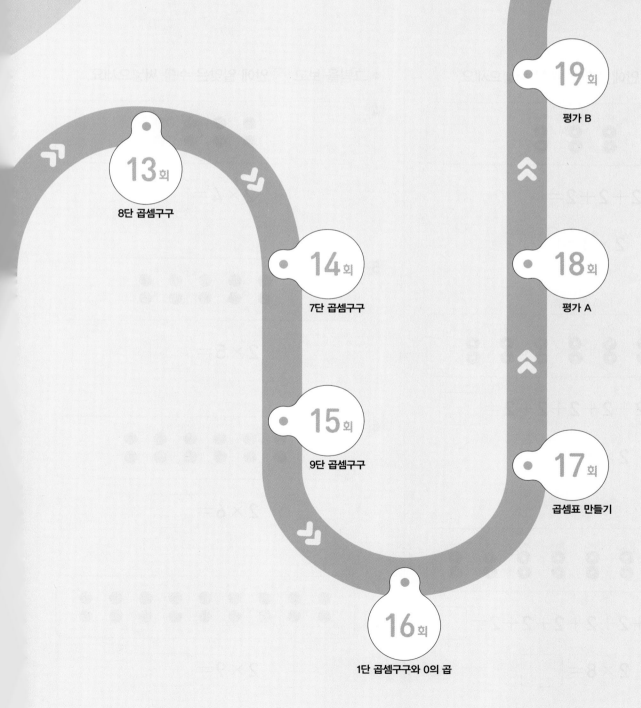

19회
평가 B

13회
8단 곱셈구구

14회
7단 곱셈구구

18회
평가 A

15회
9단 곱셈구구

17회
곱셈표 만들기

16회
1단 곱셈구구와 0의 곱

개념 2단 곱셈구구

2×6을 그림으로 나타내어 알아봅니다.

2씩 6묶음은 2의 6배입니다.

덧셈식 $2+2+2+2+2+2=12$
　　　　　　6번

곱셈식 $2\times6=12$ 　2×6은 2씩 6번 더한 것과 같아.

2단 곱셈구구에서는 곱하는 수가 1씩 커지면 그 곱은 2씩 커집니다.

2단 곱셈구구

$2\times1=2$	$2\times4=8$	$2\times7=14$
$2\times2=4$ ＋2	$2\times5=10$	$2\times8=16$
$2\times3=6$	$2\times6=12$	$2\times9=18$

◆ 그림을 보고 ⬜ 안에 알맞은 수를 써넣으세요.

1

$2+2+2=\boxed{}$

$2\times3=\boxed{}$

2

$2+2+2+2+2+2+2=\boxed{}$

$2\times7=\boxed{}$

3

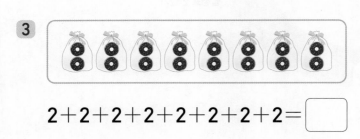

$2+2+2+2+2+2+2+2=\boxed{}$

$2\times8=\boxed{}$

◆ 그림을 보고 ⬜ 안에 알맞은 수를 써넣으세요.

4

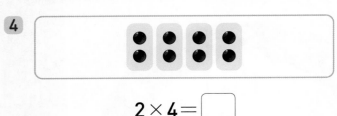

$2\times4=\boxed{}$

5

$2\times5=\boxed{}$

6

$2\times6=\boxed{}$

7

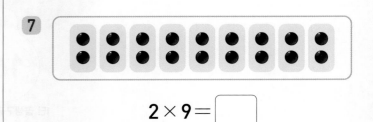

$2\times9=\boxed{}$

연습 2단 곱셈구구

실수 콕! 17~24번 문제

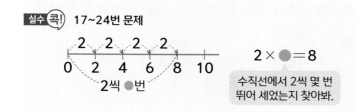

$2 \times \bullet = 8$

수직선에서 2씩 몇 번
뛰어 세었는지 찾아봐.

◆ ☐ 안에 알맞은 수를 써넣으세요.

8 ① $2 \times 1 =$ ☐ ② $2 \times 6 =$ ☐

9 ① $2 \times 7 =$ ☐ ② $2 \times 2 =$ ☐

10 ① $2 \times 3 =$ ☐ ② $2 \times 8 =$ ☐

11 ① $2 \times 9 =$ ☐ ② $2 \times 4 =$ ☐

12 ① $2 \times 5 =$ ☐ ② $2 \times 7 =$ ☐

13 ① $2 \times$ ☐ $= 6$ ② $2 \times$ ☐ $= 10$

14 ① $2 \times$ ☐ $= 16$ ② $2 \times$ ☐ $= 4$

15 ① $2 \times$ ☐ $= 14$ ② $2 \times$ ☐ $= 8$

16 ① $2 \times$ ☐ $= 12$ ② $2 \times$ ☐ $= 18$

◆ 수직선을 보고 ☐ 안에 알맞은 수를 써넣으세요.

17
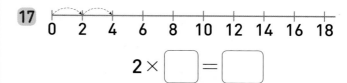

$2 \times$ ☐ $=$ ☐

18
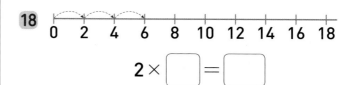

$2 \times$ ☐ $=$ ☐

19
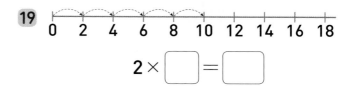

$2 \times$ ☐ $=$ ☐

20
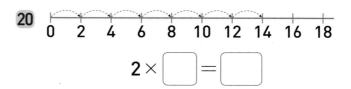

$2 \times$ ☐ $=$ ☐

21
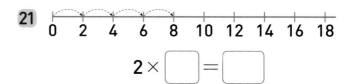

$2 \times$ ☐ $=$ ☐

22
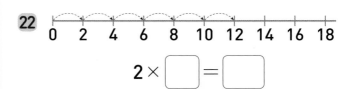

$2 \times$ ☐ $=$ ☐

23
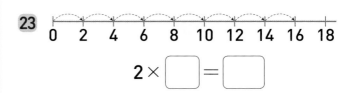

$2 \times$ ☐ $=$ ☐

24
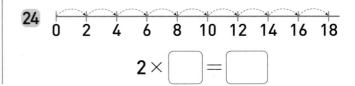

$2 \times$ ☐ $=$ ☐

2단원
08회

◆ ☐ 안에 알맞은 수를 써넣으세요.

◆ 2단 곱셈구구의 값이 아닌 것을 찾아 ✕표 하세요.

25

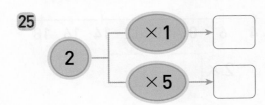

26

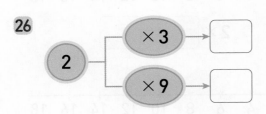

27

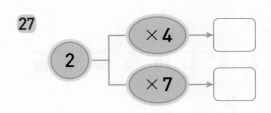

28

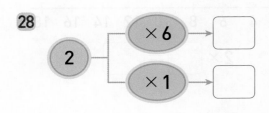

29

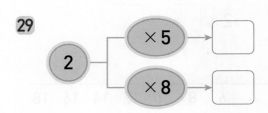

30

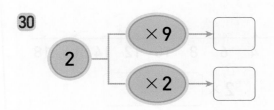

31

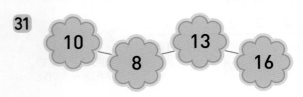

32

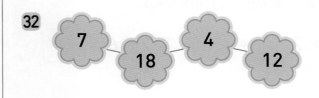

33

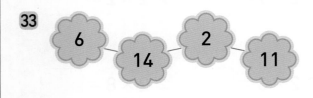

34

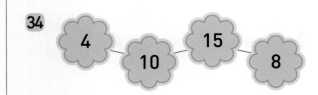

35

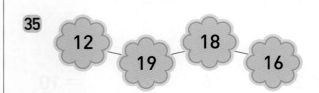

36

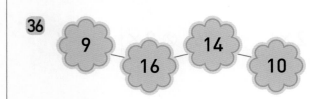

37

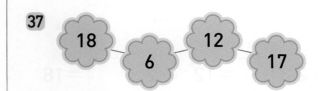

★ 완성 2단 곱셈구구

◆ 토끼가 당근을 찾으러 가는 길이 올바른 곱셈식이 되도록 [보기] 와 같이 연결해 보세요.

[보기]
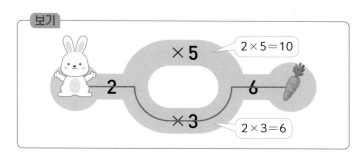

$2 \times 5 = 10$

$2 \times 3 = 6$

40
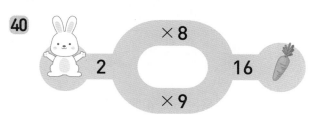

38
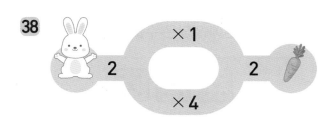

41
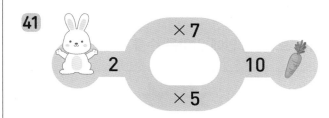

2단
원
08회

39
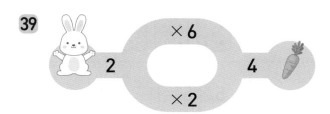

42
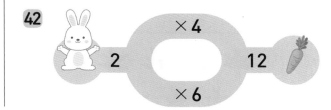

+문해력

43 양말 한 켤레는 [2]짝입니다. 소윤이가 시장에서 양말 [4켤레]를 샀다면 소윤이가 산 양말은 모두 몇 짝일까요?

풀이 (양말 한 켤레의 짝 수) × (소윤이가 산 양말의 켤레 수)

= ☐ × ☐ = ☐

답 소윤이가 산 양말은 모두 ☐짝입니다.

5×4를 그림으로 나타내어 알아봅니다.

5씩 4묶음은 5의 4배입니다.

덧셈식 $5+5+5+5=20$

4번

곱셈식 $5\times4=20$

5×4는 5씩 4번 더한 것과 같아.

5단 곱셈구구에서는 곱하는 수가 1씩 커지면 그 곱은 5씩 커집니다.

5단 곱셈구구

$5\times1=5$	$5\times4=20$	$5\times7=35$
$5\times2=10$	$5\times5=25$	$5\times8=40$
$5\times3=15$	$5\times6=30$	$5\times9=45$

$5\times1=5$ $+5$ $5\times2=10$

◆ 그림을 보고 ⬚ 안에 알맞은 수를 써넣으세요.

1

$5+5=\boxed{}$

$5\times2=\boxed{}$

2

$5+5+5+5+5+5+5=\boxed{}$

$5\times7=\boxed{}$

3

$5+5+5+5+5+5+5+5=\boxed{}$

$5\times8=\boxed{}$

◆ 그림을 보고 ⬚ 안에 알맞은 수를 써넣으세요.

4

$5\times3=\boxed{}$

5

$5\times5=\boxed{}$

6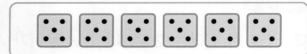

$5\times6=\boxed{}$

7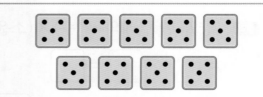

$5\times9=\boxed{}$

연습 5단 곱셈구구

$5 \times 4 = \boxed{21}$ ✗

$5 \times 4 = \boxed{20}$

> 5단 곱셈구구에서 곱의 일의 자리 숫자는 5, 0이 반복돼. 곱을 잘못 쓰지 않도록 조심!

◆ ☐ 안에 알맞은 수를 써넣으세요.

8 ① $5 \times 2 = \boxed{}$ ② $5 \times 7 = \boxed{}$

9 ① $5 \times 1 = \boxed{}$ ② $5 \times 9 = \boxed{}$

10 ① $5 \times 3 = \boxed{}$ ② $5 \times 5 = \boxed{}$

11 ① $5 \times 6 = \boxed{}$ ② $5 \times 8 = \boxed{}$

12 ① $5 \times 9 = \boxed{}$ ② $5 \times 4 = \boxed{}$

13 ① $5 \times \boxed{} = 5$ ② $5 \times \boxed{} = 15$

14 ① $5 \times \boxed{} = 35$ ② $5 \times \boxed{} = 40$

15 ① $5 \times \boxed{} = 20$ ② $5 \times \boxed{} = 45$

16 ① $5 \times \boxed{} = 30$ ② $5 \times \boxed{} = 10$

◆ 수직선을 보고 ☐ 안에 알맞은 수를 써넣으세요.

17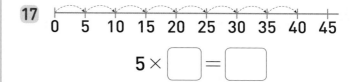

$5 \times \boxed{} = \boxed{}$

18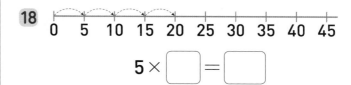

$5 \times \boxed{} = \boxed{}$

19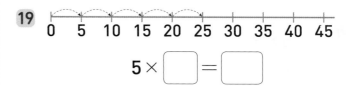

$5 \times \boxed{} = \boxed{}$

20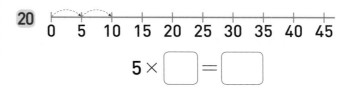

$5 \times \boxed{} = \boxed{}$

21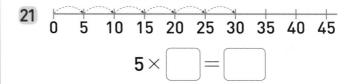

$5 \times \boxed{} = \boxed{}$

22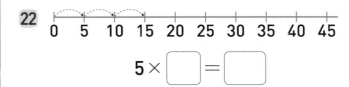

$5 \times \boxed{} = \boxed{}$

23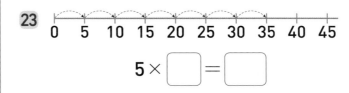

$5 \times \boxed{} = \boxed{}$

24

$5 \times \boxed{} = \boxed{}$

2단원 09회

◆ 곱셈구구의 값을 찾아 이어 보세요.

◆ 5단 곱셈구구를 바르게 계산한 것에 ○표 하세요.

25

5 × 4 • • 35

5 × 7 • • 20

5 × 1 • • 5

26

5 × 9 • • 15

5 × 3 • • 10

5 × 2 • • 45

27

5 × 5 • • 20

5 × 6 • • 25

5 × 4 • • 30

28

5 × 2 • • 35

5 × 8 • • 40

5 × 7 • • 10

29

5 × 5 = 25   5 × 7 = 45

(   )   (   )

30

5 × 4 = 30   5 × 3 = 15

(   )   (   )

31

5 × 1 = 5   5 × 8 = 35

(   )   (   )

32

5 × 9 = 45   5 × 6 = 20

(   )   (   )

33

5 × 2 = 15   5 × 4 = 20

(   )   (   )

34

5 × 7 = 35   5 × 5 = 10

(   )   (   )

35

5 × 3 = 45   5 × 8 = 40

(   )   (   )

★ 완성 5단 곱셈구구

◆ 친구들이 사려고 하는 인형을 찾아 색칠해 보세요.

36  나는 곱이 25인 인형을 살 거야.

5 × 2   5 × 5   5 × 6   5 × 8

37  나는 곱이 45인 인형을 살 거야.

5 × 4   5 × 6   5 × 1   5 × 9

38  나는 곱이 35인 인형을 살 거야.

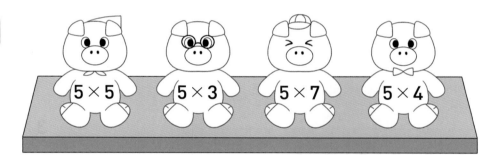

5 × 5   5 × 3   5 × 7   5 × 4

＋문해력

39 친구 **4명**이 가위바위보를 하고 있습니다. 친구들이 모두 **보**를 냈다면 친구들이 편 손가락은 모두 몇 개일까요?

 (한 명이 보를 냈을 때 편 손가락의 수) × (친구들의 수)

$$= \boxed{} \times \boxed{} = \boxed{}$$

답 친구들이 편 손가락은 모두 $\boxed{}$개입니다.

3×5를 그림으로 나타내어 알아봅니다.

3씩 5묶음은 3의 5배입니다.

덧셈식 3+3+3+3+3=15

곱셈식 3×5=15 <small>3×5는 3씩 5번 더한 것과 같아.</small>

3단 곱셈구구에서는 곱하는 수가 1씩 커지면 그 곱은 3씩 커집니다.

3단 곱셈구구

3×1=3 3×2=6 } +3 3×3=9	3×4=12 3×5=15 3×6=18	3×7=21 3×8=24 3×9=27

◆ 그림을 보고 ☐ 안에 알맞은 수를 써넣으세요.

1

$3+3+3+3+3+3=$ ☐

$3×6=$ ☐

2

$3+3+3+3+3+3+3=$ ☐

$3×7=$ ☐

3

$3+3+3+3+3+3+3+3=$ ☐

$3×8=$ ☐

◆ 그림을 보고 ☐ 안에 알맞은 수를 써넣으세요.

4

$3×3=$ ☐

5

$3×4=$ ☐

6

$3×5=$ ☐

7

$3×9=$ ☐

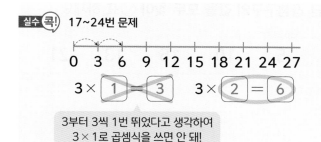

연습 3단 곱셈구구

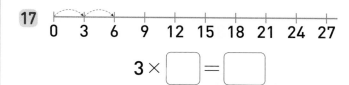

◆ 수직선을 보고 □ 안에 알맞은 수를 써넣으세요.

17 $3 \times \square = \square$

18 $3 \times \square = \square$

19 $3 \times \square = \square$

20 $3 \times \square = \square$

21 $3 \times \square = \square$

22 $3 \times \square = \square$

23 $3 \times \square = \square$

24 $3 \times \square = \square$

◆ □ 안에 알맞은 수를 써넣으세요.

8 ① $3 \times 6 = \square$ ② $3 \times 5 = \square$

9 ① $3 \times 2 = \square$ ② $3 \times 9 = \square$

10 ① $3 \times 4 = \square$ ② $3 \times 3 = \square$

11 ① $3 \times 7 = \square$ ② $3 \times 8 = \square$

12 ① $3 \times 5 = \square$ ② $3 \times 1 = \square$

13 ① $3 \times \square = 18$ ② $3 \times \square = 12$

14 ① $3 \times \square = 15$ ② $3 \times \square = 6$

15 ① $3 \times \square = 9$ ② $3 \times \square = 21$

16 ① $3 \times \square = 24$ ② $3 \times \square = 27$

◆ 빈칸에 알맞은 수를 써넣으세요.

25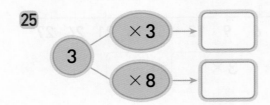

26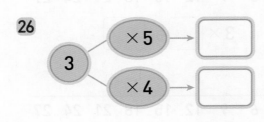

27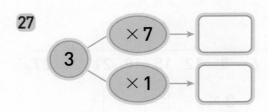

28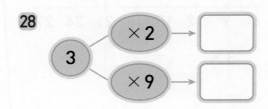

29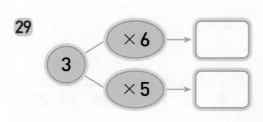

30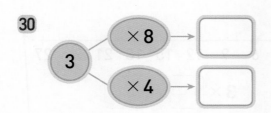

◆ 3단 곱셈구구의 값을 모두 찾아 ○표 하세요.

31

| 5 | 10 | 15 | 13 | 21 |

32

| 9 | 14 | 26 | 24 | 11 |

33

| 7 | 18 | 23 | 6 | 28 |

34

| 3 | 25 | 19 | 15 | 16 |

35

| 2 | 22 | 27 | 8 | 12 |

36

| 6 | 14 | 17 | 22 | 24 |

37

| 11 | 21 | 18 | 16 | 25 |

38

| 27 | 12 | 23 | 9 | 29 |

◆ 여러 가지 재료로 교실 벽을 꾸몄습니다. 사용한 재료는 각각 몇 개인지 곱셈식으로 나타내세요.

39  → 3 × ☐ = ☐

42 → 3 × ☐ = ☐

40 → 3 × ☐ = ☐

43 → 3 × ☐ = ☐

41  → 3 × ☐ = ☐

44 → 3 × ☐ = ☐

2단원

10회

+ 문해력

45 사과가 한 봉지에 **3개씩** 들어 있습니다. **9봉지**에 들어 있는
사과는 모두 몇 개일까요?

풀이 (한 봉지에 들어 있는 사과 수) × (봉지 수)

= ☐ × ☐ = ☐

답 **9**봉지에 들어 있는 사과는 모두 ☐개입니다.

개념 6단 곱셈구구

6×4를 그림으로 나타내어 알아봅니다.

6씩 4묶음은 6의 4배입니다.

덧셈식 6+6+6+6=24

곱셈식 6×4=24 6×4는 6씩 4번 더한 것과 같아.

6단 곱셈구구에서는 곱하는 수가 1씩 커지면 그 곱은 6씩 커집니다.

6단 곱셈구구

6×1=6 ⟩+6	6×4=24	6×7=42
6×2=12	6×5=30	6×8=48
6×3=18	6×6=36	6×9=54

◆ 그림을 보고 ◻ 안에 알맞은 수를 써넣으세요.

1

6+6+6=◻

6×3=◻

2

6+6+6+6+6+6+6=◻

6×7=◻

3

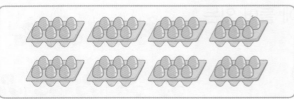

6+6+6+6+6+6+6+6=◻

6×8=◻

◆ 그림을 보고 ◻ 안에 알맞은 수를 써넣으세요.

4

6×2=◻

5

6×5=◻

6

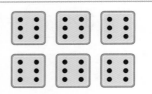

6×6=◻

7

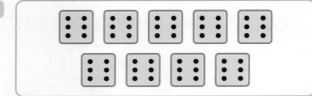

6×9=◻

실수 콕! 13~16번 문제

$$6 \times 2 = 12$$
$$6 \times \boxed{8} = 18$$

> 곱이 6만큼 커졌을 때
> 곱하는 수도 6만큼
> 커진다고
> 생각하면 안 돼.

◆ ☐ 안에 알맞은 수를 써넣으세요.

8 ① $6 \times 3 = \boxed{}$ ② $6 \times 4 = \boxed{}$

9 ① $6 \times 1 = \boxed{}$ ② $6 \times 6 = \boxed{}$

10 ① $6 \times 5 = \boxed{}$ ② $6 \times 7 = \boxed{}$

11 ① $6 \times 9 = \boxed{}$ ② $6 \times 4 = \boxed{}$

12 ① $6 \times 2 = \boxed{}$ ② $6 \times 8 = \boxed{}$

13 ① $6 \times \boxed{} = 30$ ② $6 \times \boxed{} = 24$

14 ① $6 \times \boxed{} = 42$ ② $6 \times \boxed{} = 54$

15 ① $6 \times \boxed{} = 36$ ② $6 \times \boxed{} = 6$

16 ① $6 \times \boxed{} = 18$ ② $6 \times \boxed{} = 12$

◆ 수직선을 보고 ☐ 안에 알맞은 수를 써넣으세요.

17 0 6 12 18 24 30 36 42 48 54

$$6 \times \boxed{} = \boxed{}$$

18 0 6 12 18 24 30 36 42 48 54

$$6 \times \boxed{} = \boxed{}$$

19 0 6 12 18 24 30 36 42 48 54

$$6 \times \boxed{} = \boxed{}$$

20 0 6 12 18 24 30 36 42 48 54

$$6 \times \boxed{} = \boxed{}$$

21 0 6 12 18 24 30 36 42 48 54

$$6 \times \boxed{} = \boxed{}$$

22 0 6 12 18 24 30 36 42 48 54

$$6 \times \boxed{} = \boxed{}$$

23 0 6 12 18 24 30 36 42 48 54

$$6 \times \boxed{} = \boxed{}$$

24 0 6 12 18 24 30 36 42 48 54

$$6 \times \boxed{} = \boxed{}$$

2단원
11회

◆ 빈칸에 알맞은 수를 써넣으세요.

25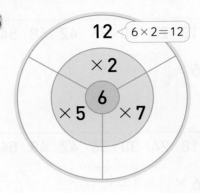

12 < 6 × 2 = 12

× 2
6
× 5   × 7

26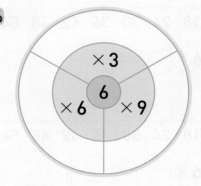

× 3
6
× 6   × 9

27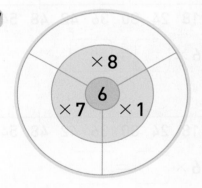

× 8
6
× 7   × 1

28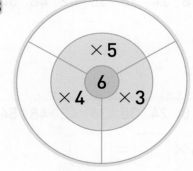

× 5
6
× 4   × 3

◆ 그림을 보고 두 가지 곱셈식으로 나타내세요.

29

3 × ☐ = ☐

6 × ☐ = ☐

30

3 × ☐ = ☐

6 × ☐ = ☐

31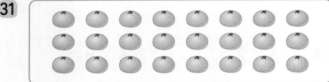

3 × ☐ = ☐

6 × ☐ = ☐

32

3 × ☐ = ☐

6 × ☐ = ☐

★ 완성 6단 곱셈구구

◆ 친구들이 6단 곱셈구구 쪽지 시험을 보았습니다. 보기 와 같이 잘못 계산한 것을 모두 찾아 ✕표 하고, 바르게 고쳐 보세요.

보기

쪽지 시험   이름: 김○○

(1) $6 \times 9 =$ _____54_____

(2) $6 \times 2 =$ _____12_____

(3) $6 \times 5 =$ _____~~24~~_____ **30**

34

쪽지 시험   이름: 이하준

(1) $6 \times 6 =$ _____36_____

(2) $6 \times 8 =$ _____42_____

(3) $6 \times 5 =$ _____30_____

(4) $6 \times 4 =$ _____24_____

33

쪽지 시험   이름: 박다은

(1) $6 \times 4 =$ _____24_____

(2) $6 \times 3 =$ _____18_____

(3) $6 \times 7 =$ _____49_____

(4) $6 \times 1 =$ _____6_____

35

쪽지 시험   이름: 서도현

(1) $6 \times 2 =$ _____18_____

(2) $6 \times 7 =$ _____42_____

(3) $6 \times 9 =$ _____54_____

(4) $6 \times 6 =$ _____30_____

2단원
11회

+ 문해력

36 개미 한 마리의 다리는 6개입니다. 개미 2마리의 다리는 모두 몇 개일까요?

풀이 (개미 한 마리의 다리 수) × (개미 수)

= ☐ × ☐ = ☐

답 개미 2마리의 다리는 모두 ☐개입니다.

4×5를 그림으로 나타내어 알아봅니다.

4씩 5묶음은 4의 5배입니다.

덧셈식 $4+4+4+4+4=20$

곱셈식 $4 \times 5 = 20$ ┌ 4×5는 4씩 5번 더한 것과 같아.

4단 곱셈구구에서는 곱하는 수가 1씩 커지면 그 곱은 4씩 커집니다.

4단 곱셈구구

$4 \times 1 = 4$	$4 \times 4 = 16$	$4 \times 7 = 28$
$4 \times 2 = 8$	$4 \times 5 = 20$	$4 \times 8 = 32$
$4 \times 3 = 12$	$4 \times 6 = 24$	$4 \times 9 = 36$

◆ 그림을 보고 ◯ 안에 알맞은 수를 써넣으세요.

1

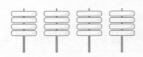

$4+4+4+4=\boxed{}$

$4 \times 4 = \boxed{}$

2

$4+4+4+4+4+4=\boxed{}$

$4 \times 6 = \boxed{}$

3

$4+4+4+4+4+4+4=\boxed{}$

$4 \times 7 = \boxed{}$

◆ 그림을 보고 ◯ 안에 알맞은 수를 써넣으세요.

4

$4 \times 3 = \boxed{}$

5

$4 \times 5 = \boxed{}$

6

$4 \times 8 = \boxed{}$

7

$4 \times 9 = \boxed{}$

연습 4단 곱셈구구

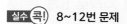
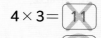

$4 \times 3 = \boxed{11}$ ✗

$4 \times 3 = \boxed{12}$

> 4단 곱셈구구의 곱은 항상 짝수야. 곱을 잘못 쓰지 않도록 조심!

◆ ☐ 안에 알맞은 수를 써넣으세요.

8 ① $4 \times 7 = \boxed{}$ ② $4 \times 5 = \boxed{}$

9 ① $4 \times 2 = \boxed{}$ ② $4 \times 6 = \boxed{}$

10 ① $4 \times 1 = \boxed{}$ ② $4 \times 3 = \boxed{}$

11 ① $4 \times 4 = \boxed{}$ ② $4 \times 8 = \boxed{}$

12 ① $4 \times 9 = \boxed{}$ ② $4 \times 7 = \boxed{}$

13 ① $4 \times \boxed{} = 8$ ② $4 \times \boxed{} = 12$

14 ① $4 \times \boxed{} = 24$ ② $4 \times \boxed{} = 36$

15 ① $4 \times \boxed{} = 28$ ② $4 \times \boxed{} = 16$

16 ① $4 \times \boxed{} = 32$ ② $4 \times \boxed{} = 20$

◆ 수직선을 보고 ☐ 안에 알맞은 수를 써넣으세요.

17

0 4 8 12 16 20 24 28 32 36

$4 \times \boxed{} = \boxed{}$

18

0 4 8 12 16 20 24 28 32 36

$4 \times \boxed{} = \boxed{}$

19

0 4 8 12 16 20 24 28 32 36

$4 \times \boxed{} = \boxed{}$

20

0 4 8 12 16 20 24 28 32 36

$4 \times \boxed{} = \boxed{}$

21

0 4 8 12 16 20 24 28 32 36

$4 \times \boxed{} = \boxed{}$

22

0 4 8 12 16 20 24 28 32 36

$4 \times \boxed{} = \boxed{}$

23

0 4 8 12 16 20 24 28 32 36

$4 \times \boxed{} = \boxed{}$

24

0 4 8 12 16 20 24 28 32 36

$4 \times \boxed{} = \boxed{}$

2단원 12회

◆ 빈칸에 알맞은 수를 써넣으세요.

25

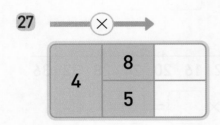

	3	
4		
	7	

26

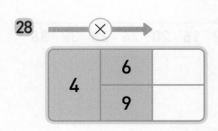

	2	
4		
	4	

27

	8	
4		
	5	

28

	6	
4		
	9	

29

	7	
4		
	1	

30

	3	
4		
	5	

◆ 4단 곱셈구구의 값을 큰 수부터 차례로 5개 쓴 것입니다. 잘못 쓴 수를 찾아 ✕표 하세요.

31 21 ― 16 ― 12 ― 8 ― 4

32 28 ― 24 ― 20 ― 15 ― 12

33 24 ― 19 ― 16 ― 12 ― 8

34 36 ― 33 ― 28 ― 24 ― 20

35 32 ― 28 ― 25 ― 20 ― 16

36 28 ― 24 ― 20 ― 16 ― 10

37 20 ― 16 ― 12 ― 9 ― 4

★완성 4단 곱셈구구

◆ 종이를 선을 따라 모두 잘랐을 때 주어진 도형은 모두 몇 개 생기는지 곱셈식으로 나타내세요.

38 삼각형

$4 \times \boxed{} = \boxed{}$

40 사각형

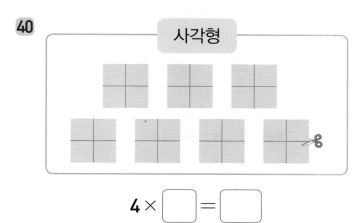

$4 \times \boxed{} = \boxed{}$

39 삼각형

$4 \times \boxed{} = \boxed{}$

41 사각형

$4 \times \boxed{} = \boxed{}$

+문해력

42 다리가 ④개인 의자가 있습니다. 의자 ⑨개의 다리는 모두 몇 개일까요?

풀이 (의자 한 개의 다리 수) × (의자 수)

$= \boxed{} \times \boxed{} = \boxed{}$

답 의자 9개의 다리는 모두 $\boxed{}$ 개입니다.

개념 8단 곱셈구구

8×3을 그림으로 나타내어 알아봅니다.

8씩 3묶음은 8의 3배입니다.

덧셈식 8+8+8=24

곱셈식 8×3=24   8×3은 8씩 3번 더한 것과 같아.

8단 곱셈구구에서는 곱하는 수가 1씩 커지면 그 곱은 8씩 커집니다.

8단 곱셈구구

8×1=8	8×4=32	8×7=56
8×2=16	8×5=40	8×8=64
8×3=24	8×6=48	8×9=72

◆ 그림을 보고 ◻ 안에 알맞은 수를 써넣으세요.

1

8+8+8+8+8= ◻

8×5= ◻

2

8+8+8+8+8+8+8= ◻

8×7= ◻

3

8+8+8+8+8+8+8+8= ◻

8×8= ◻

◆ 그림을 보고 ◻ 안에 알맞은 수를 써넣으세요.

4

8×2= ◻

5

8×3= ◻

6

8×6= ◻

7
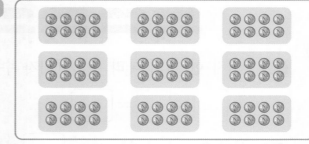

8×9= ◻

연습 8단 곱셈구구

실수 콕! **17~24번 문제**

8 × ● = 24

수직선에서 8씩 몇 번
뛰어 세었는지 찾아봐.

◆ ☐ 안에 알맞은 수를 써넣으세요.

8 ① 8 × 3 = ☐   ② 8 × 6 = ☐

9 ① 8 × 7 = ☐   ② 8 × 9 = ☐

10 ① 8 × 4 = ☐   ② 8 × 1 = ☐

11 ① 8 × 5 = ☐   ② 8 × 8 = ☐

12 ① 8 × 2 = ☐   ② 8 × 9 = ☐

13 ① 8 × ☐ = 40   ② 8 × ☐ = 56

14 ① 8 × ☐ = 64   ② 8 × ☐ = 48

15 ① 8 × ☐ = 72   ② 8 × ☐ = 32

16 ① 8 × ☐ = 16   ② 8 × ☐ = 24

◆ 수직선을 보고 ☐ 안에 알맞은 수를 써넣으세요.

17
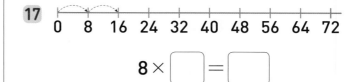

8 × ☐ = ☐

18
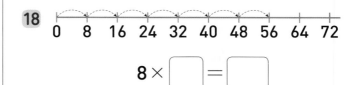

8 × ☐ = ☐

19
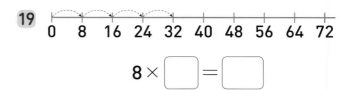

8 × ☐ = ☐

20
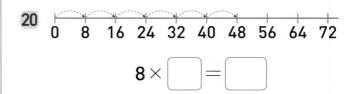

8 × ☐ = ☐

21
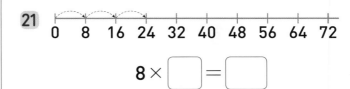

8 × ☐ = ☐

22
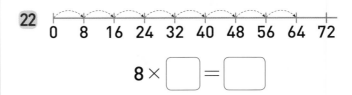

8 × ☐ = ☐

23
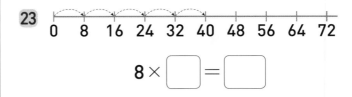

8 × ☐ = ☐

24

8 × ☐ = ☐

2단원
13회

◆ 빈칸에 알맞은 수를 써넣으세요.

25

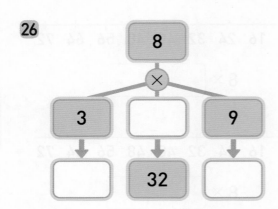

26

27

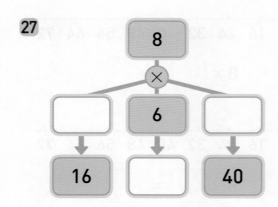

28

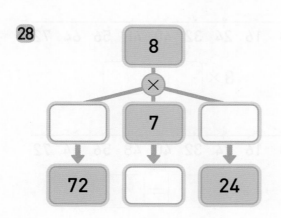

◆ 8단 곱셈구구를 잘못 계산한 것에 ✕표 하세요.

29 $8 \times 2 = 14$ (   ) $8 \times 5 = 40$ (   )

30 $8 \times 3 = 24$ (   ) $8 \times 6 = 42$ (   )

31 $8 \times 4 = 30$ (   ) $8 \times 8 = 64$ (   )

32 $8 \times 7 = 56$ (   ) $8 \times 9 = 81$ (   )

33 $8 \times 6 = 48$ (   ) $8 \times 3 = 21$ (   )

34 $8 \times 5 = 42$ (   ) $8 \times 4 = 32$ (   )

35 $8 \times 9 = 72$ (   ) $8 \times 7 = 55$ (   )

★ 완성 8단 곱셈구구

◆ 8단 곱셈구구의 값에만 불이 켜집니다. 불이 켜지는 전등을 모두 찾아 색칠해 보세요.

36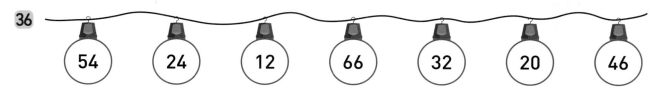

37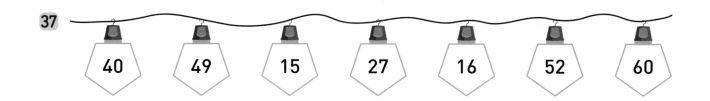

38

39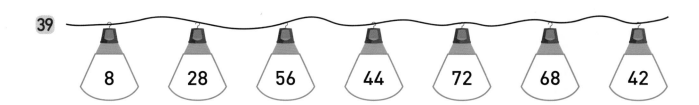

40 머핀을 한 상자에 [8개씩] 담았습니다. [6상자]에 담은 머핀은 모두 몇 개일까요?

[풀이] (한 상자에 담은 머핀 수) × (상자 수)

= ☐ × ☐ = ☐

[답] **6**상자에 담은 머핀은 모두 ☐개입니다.

7×4를 그림으로 나타내어 알아봅니다.

7씩 4묶음은 7의 4배입니다.

덧셈식 $7+7+7+7=28$

곱셈식 $7 \times 4 = 28$

> 7×4는 7씩 4번 더한 것과 같아.

7단 곱셈구구에서는 곱하는 수가 1씩 커지면 그 곱은 7씩 커집니다.

7단 곱셈구구

$7 \times 1 = 7$	$7 \times 4 = 28$	$7 \times 7 = 49$
$7 \times 2 = 14$	$7 \times 5 = 35$	$7 \times 8 = 56$
$7 \times 3 = 21$	$7 \times 6 = 42$	$7 \times 9 = 63$

◆ 그림을 보고 ◻ 안에 알맞은 수를 써넣으세요.

1

$7+7+7+7+7+7+7=$ ◻

$7 \times 7 =$ ◻

2

$7+7+7+7+7+7+7+7=$ ◻

$7 \times 8 =$ ◻

3

$7+7+7+7+7+7+7+7+7=$ ◻

$7 \times 9 =$ ◻

◆ 그림을 보고 ◻ 안에 알맞은 수를 써넣으세요.

4

$7 \times 2 =$ ◻

5

$7 \times 3 =$ ◻

6

$7 \times 5 =$ ◻

7

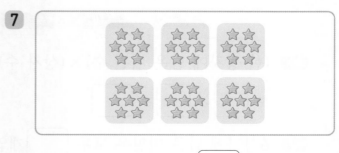

$7 \times 6 =$ ◻

실수 콕! 13~16번 문제

$7 \times$ **8** $= 56$

$7 \times$ ~~15~~ $= 63$

곱이 7만큼 커졌을 때 곱하는 수도 7만큼 커진다고 생각하면 안 돼.

◆ ☐ 안에 알맞은 수를 써넣으세요.

8 ① $7 \times 7 =$ ☐   ② $7 \times 1 =$ ☐

9 ① $7 \times 5 =$ ☐   ② $7 \times 9 =$ ☐

10 ① $7 \times 2 =$ ☐   ② $7 \times 4 =$ ☐

11 ① $7 \times 6 =$ ☐   ② $7 \times 8 =$ ☐

12 ① $7 \times 3 =$ ☐   ② $7 \times 5 =$ ☐

13 ① $7 \times$ ☐ $= 35$ ② $7 \times$ ☐ $= 21$

14 ① $7 \times$ ☐ $= 56$ ② $7 \times$ ☐ $= 28$

15 ① $7 \times$ ☐ $= 63$ ② $7 \times$ ☐ $= 42$

16 ① $7 \times$ ☐ $= 49$ ② $7 \times$ ☐ $= 14$

◆ 수직선을 보고 ☐ 안에 알맞은 수를 써넣으세요.

17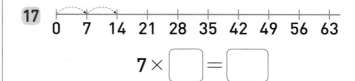

$7 \times$ ☐ $=$ ☐

18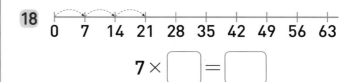

$7 \times$ ☐ $=$ ☐

19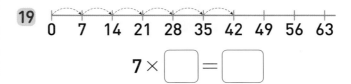

$7 \times$ ☐ $=$ ☐

20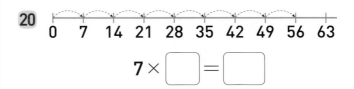

$7 \times$ ☐ $=$ ☐

21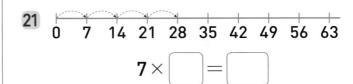

$7 \times$ ☐ $=$ ☐

22
0 7 14 21 28 35 42 49 56 63

$7 \times$ ☐ $=$ ☐

23
0 7 14 21 28 35 42 49 56 63

$7 \times$ ☐ $=$ ☐

24
0 7 14 21 28 35 42 49 56 63

$7 \times$ ☐ $=$ ☐

2단원 14회

◆ 빈칸에 알맞은 수를 써넣으세요.

25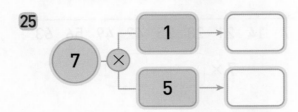

26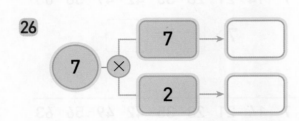

27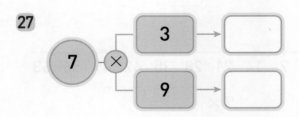

28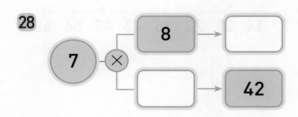

29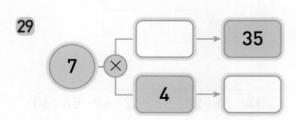

30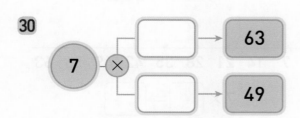

◆ 7단 곱셈구구의 값을 모두 찾아 색칠해 보세요.

31

40	18	7	28	35	56
11	31	24	15	29	49
2	4	21	14	63	42

32

63	21	20	32	12	39
42	43	36	23	66	51
28	7	35	56	14	49

33

34	35	37	13	56	21
27	28	41	65	7	16
22	49	42	14	63	30

34

18	54	28	30	48	45
21	7	56	27	14	64
32	42	49	35	63	36

35

12	28	7	25	63	42
51	43	35	56	21	34
60	49	14	37	44	58

★ 완성 7단 곱셈구구

◆ 가로로 **7칸**을 다 채우면 그 가로줄이 사라지는 게임입니다. 초록색 모양이 끝까지 내려오면 사라지는 블록은 모두 몇 개인지 곱셈식으로 나타내세요.

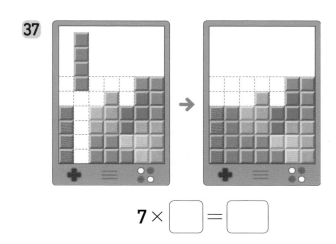

36

$7 \times \boxed{} = \boxed{}$

37

$7 \times \boxed{} = \boxed{}$

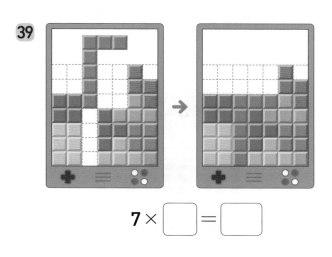

38

$7 \times \boxed{} = \boxed{}$

39

$7 \times \boxed{} = \boxed{}$

✚ 문해력

40 윤영이는 수학 문제를 매일 **7문제씩** 풀었습니다. 윤영이가 **7일** 동안 푼 수학 문제는 모두 몇 문제일까요?

풀이 (하루에 푼 문제 수) × (문제를 푼 날수)

$= \boxed{} \times \boxed{} = \boxed{}$

답 윤영이가 **7일** 동안 푼 수학 문제는 모두 $\boxed{}$ 문제입니다.

9×5를 그림으로 나타내어 알아봅니다.

9씩 5묶음은 9의 5배입니다.

덧셈식 $9+9+9+9+9=45$

곱셈식 $9×5=45$ 9×5는 9씩 5번 더한 것과 같아.

9단 곱셈구구에서는 곱하는 수가 1씩 커지면 그 곱은 9씩 커집니다.

9단 곱셈구구

$9×1=9$	$9×4=36$	$9×7=63$
$9×2=18$	$9×5=45$	$9×8=72$
$9×3=27$	$9×6=54$	$9×9=81$

◆ 그림을 보고 ◻ 안에 알맞은 수를 써넣으세요.

1

$9+9+9+9=◻$

$9×4=◻$

2

$9+9+9+9+9+9=◻$

$9×6=◻$

3

$9+9+9+9+9+9+9+9=◻$

$9×8=◻$

◆ 그림을 보고 ◻ 안에 알맞은 수를 써넣으세요.

4

$9×2=◻$

5

$9×3=◻$

6

$9×5=◻$

7

$9×9=◻$

실수 콕! 8~12번 문제

$9 \times 2 = \boxed{18}$ $9 \times 3 = \boxed{27}$ $9 \times 4 = \boxed{36}$

9단 곱셈구구는 곱의 일의 자리 숫자와
십의 자리 숫자의 합이 9야. 맞게 썼는지 꼭 확인해!

◆ ☐ 안에 알맞은 수를 써넣으세요.

8 ① $9 \times 2 = \boxed{}$ ② $9 \times 6 = \boxed{}$

9 ① $9 \times 5 = \boxed{}$ ② $9 \times 9 = \boxed{}$

10 ① $9 \times 4 = \boxed{}$ ② $9 \times 3 = \boxed{}$

11 ① $9 \times 1 = \boxed{}$ ② $9 \times 7 = \boxed{}$

12 ① $9 \times 8 = \boxed{}$ ② $9 \times 5 = \boxed{}$

13 ① $9 \times \boxed{} = 45$ ② $9 \times \boxed{} = 81$

14 ① $9 \times \boxed{} = 54$ ② $9 \times \boxed{} = 63$

15 ① $9 \times \boxed{} = 18$ ② $9 \times \boxed{} = 36$

16 ① $9 \times \boxed{} = 72$ ② $9 \times \boxed{} = 27$

◆ 수직선을 보고 ☐ 안에 알맞은 수를 써넣으세요.

17
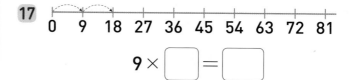
$9 \times \boxed{} = \boxed{}$

18
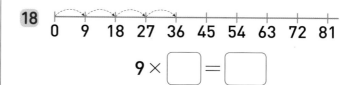
$9 \times \boxed{} = \boxed{}$

19
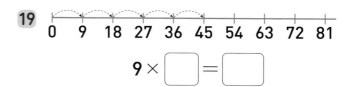
$9 \times \boxed{} = \boxed{}$

20
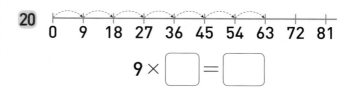
$9 \times \boxed{} = \boxed{}$

21
0 9 18 27 36 45 54 63 72 81
$9 \times \boxed{} = \boxed{}$

22
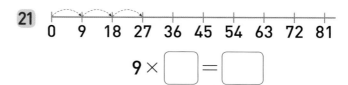
$9 \times \boxed{} = \boxed{}$

23
0 9 18 27 36 45 54 63 72 81
$9 \times \boxed{} = \boxed{}$

24
0 9 18 27 36 45 54 63 72 81
$9 \times \boxed{} = \boxed{}$

2단원 15회

◆ 빈 곳에 알맞은 수를 써넣으세요.

25

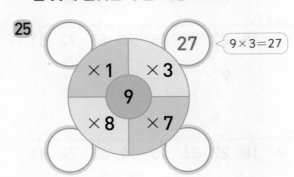

27 ◁ $9 \times 3 = 27$

26

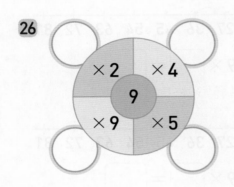

27

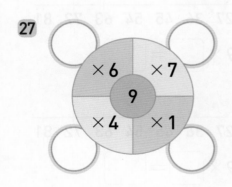

28

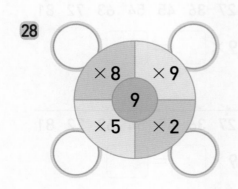

◆ 크기를 비교하여 ○ 안에 >, =, <를 알맞게 써넣으세요.

29 9×3 ◯ 28

30 48 ◯ 9×5

31 9×6 ◯ 56

32 60 ◯ 9×7

33 9×8 ◯ 70

34 80 ◯ 9×9

35 9×4 ◯ 35

36 58 ◯ 9×6

◆ ☐ 안에 알맞은 수를 써넣고, 두더지가 알맞은 곱이 있는 길을 따라가 만나게 될 친구에 ○표 하세요.

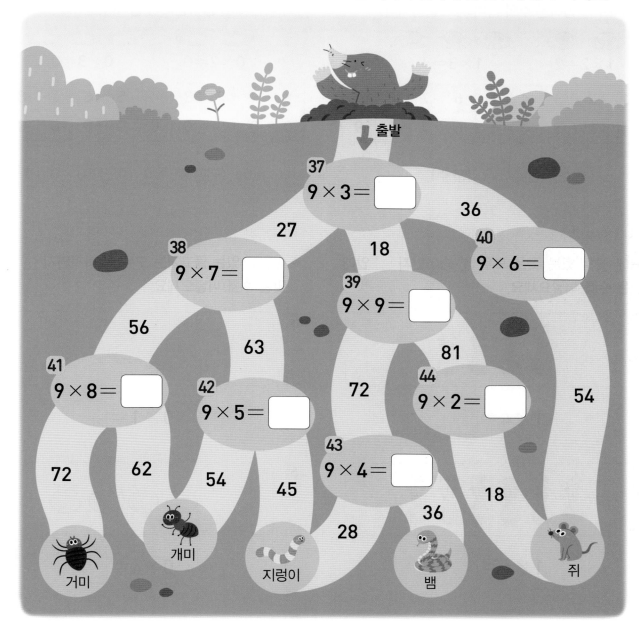

+문해력

45 준서 어머니께서 김밥 **5줄**을 싼 다음, 김밥 한 줄이 **9조각**씩 되도록 모두 잘랐습니다. 김밥은 모두 몇 조각일까요?

풀이 (김밥 한 줄의 조각 수)×(김밥 줄 수)

= ☐ × ☐ = ☐

답 김밥은 모두 ☐ 조각입니다.

개념 · 1단 곱셈구구와 0의 곱

1단 곱셈구구는 곱하는 수와 곱이 서로 같습니다.

$1 \times 2 = 2$ $1 \times 3 = 3$

×	1	2	3	4	5	6	7	8	9
1	1	2	3	4	5	6	7	8	9

$1 \times ($ 어떤 수 $) = ($ 어떤 수 $)$

0과 어떤 수를 곱하면 0이 됩니다.

$0 \times 2 = 0$ $0 \times 3 = 0$

×	1	2	3	4	5	6	7	8	9
0	0	0	0	0	0	0	0	0	0

$0 \times ($ 어떤 수 $) = 0$, $($ 어떤 수 $) \times 0 = 0$

◆ 꽃병에 꽂혀 있는 꽃은 모두 몇 송이인지 ⬜ 안에 알맞은 수를 써넣으세요.

1

$1 \times 4 = \boxed{}$

2

$1 \times 6 = \boxed{}$

3

$1 \times 8 = \boxed{}$

4

$1 \times 9 = \boxed{}$

◆ 어항에 있는 물고기는 모두 몇 마리인지 ⬜ 안에 알맞은 수를 써넣으세요.

5

$0 \times 1 = \boxed{}$

6

$0 \times 4 = \boxed{}$

7

$0 \times 5 = \boxed{}$

8

$0 \times 7 = \boxed{}$

실수 콕! 12, 13, 14번 문제

$0 \times 5 = \boxed{5}$ $0 \times 5 = \boxed{0}$

0과 어떤 수의 곱은 항상 0이야.
0과 곱하는 수를 더하지 않도록 조심!

◆ ☐ 안에 알맞은 수를 써넣으세요.

9 ① $1 \times 4 = \boxed{}$ ② $1 \times 8 = \boxed{}$

10 ① $1 \times 6 = \boxed{}$ ② $1 \times 5 = \boxed{}$

11 ① $1 \times 9 = \boxed{}$ ② $1 \times 7 = \boxed{}$

실수 콕!
12 ① $0 \times 2 = \boxed{}$ ② $0 \times 8 = \boxed{}$

실수 콕!
13 ① $0 \times 3 = \boxed{}$ ② $0 \times 9 = \boxed{}$

실수 콕!
14 ① $0 \times 7 = \boxed{}$ ② $0 \times 6 = \boxed{}$

15 ① $1 \times \boxed{} = 5$ ② $1 \times \boxed{} = 1$

16 ① $1 \times \boxed{} = 4$ ② $1 \times \boxed{} = 8$

17 ① $1 \times \boxed{} = 7$ ② $1 \times \boxed{} = 9$

◆ 수직선을 보고 ☐ 안에 알맞은 수를 써넣으세요.

18
$1 \times \boxed{} = \boxed{}$

19
$1 \times \boxed{} = \boxed{}$

20
$1 \times \boxed{} = \boxed{}$

21
$1 \times \boxed{} = \boxed{}$

22
$1 \times \boxed{} = \boxed{}$

23
$1 \times \boxed{} = \boxed{}$

24
$1 \times \boxed{} = \boxed{}$

25
$1 \times \boxed{} = \boxed{}$

2단원 16회

◆ 빈칸에 알맞은 수를 써넣으세요.

26
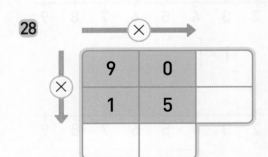

×	0	2	
	7	1	

27

×	1	7	
	3	0	

28
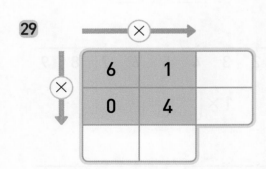

×	9	0	
	1	5	

29

×	6	1	
	0	4	

30
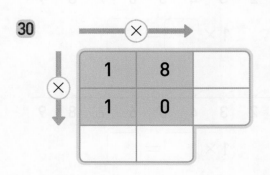

×	1	8	
	1	0	

◆ 계산 결과가 다른 하나를 찾아 ✕표 하세요.

31
1×5	0×5	1×0
( )	( )	( )

32
8×1	0×8	1×8
( )	( )	( )

33
3×0	1×3	0×6
( )	( )	( )

34
0×4	4×0	1×4
( )	( )	( )

35
5×0	3×1	0×9
( )	( )	( )

36
1×9	9×1	0×7
( )	( )	( )

37
1×6	0×2	6×0
( )	( )	( )

★ **완성** 1단 곱셈구구와 0의 곱

◆ 야구 방망이로 공을 한 번 칠 때마다 1점을 얻기로 했습니다. 친구들이 얻은 점수는 몇 점인지 곱셈식으로 나타내세요.

38

→ 1 × ☐ = ☐

39

→ 1 × ☐ = ☐

2단원 16회

40

→ 1 × ☐ = ☐

╋문해력

41 한 상자에 피자를 1판씩 담아 포장하고 있습니다. 6상자에 담은 피자는 모두 몇 판일까요?

풀이 (한 상자에 담은 피자 수) × (상자 수)

= ☐ × ☐ = ☐

답 6상자에 담은 피자는 모두 ☐판입니다.

세로줄과 가로줄의 수가 만나는 칸에 두 수의 곱을 써넣어 곱셈표를 만듭니다.

×	1	2	3	4	5	6	7	8	9
1	1	2	3	4	5	6	7	8	9
2	2	4	6	8	10	12	14	16	18
3	3	6	9	12	15	18	21	24	27

→ ■단 곱셈구구는 곱이 ■씩 커집니다.

곱셈표에서 곱이 같은 곱셈구구를 알아봅니다.

×	1	2	3	4	5	6	7	8	9
6	6	12	18	24	30	36	42	48	54
7	7	14	21	28	35	42	49	56	63
8	8	16	24	32	40	48	56	64	72

· 곱이 42인 곱셈구구: 6×7, 7×6
· 곱이 48인 곱셈구구: 6×8, 8×6

◆ ▢ 안에 알맞은 수를 써넣으세요.

1

×	1	2	3	4	5	6	7
2	2	4	6	8	10	12	14

→ 2단 곱셈구구에서는 곱이 ▢씩 커집니다.

2

×	1	2	3	4	5	6	7
5	5	10	15	20	25	30	35

→ 5단 곱셈구구에서는 곱이 ▢씩 커집니다.

3

×	1	2	3	4	5	6	7
6	6	12	18	24	30	36	42

→ 6단 곱셈구구에서는 곱이 ▢씩 커집니다.

4

×	1	2	3	4	5	6	7
9	9	18	27	36	45	54	63

→ 9단 곱셈구구에서는 곱이 ▢씩 커집니다.

◆ ▢ 안에 알맞은 수를 써넣으세요.

5

×	1	2	3	4	5	6	7
3	3	6	9	12	15	18	21
4	4	8	12	16	20	24	28

→ 3×4와 4×3은 곱이 ▢로 같습니다.

6

×	3	4	5	6	7	8	9
5	15	20	25	30	35	40	45
7	21	28	35	42	49	56	63

→ 5×7과 7×5는 곱이 ▢로 같습니다.

7

×	3	4	5	6	7	8	9
8	24	32	40	48	56	64	72
9	27	36	45	54	63	72	81

→ 8×9와 9×8은 곱이 ▢로 같습니다.

연습 곱셈표 만들기

실수 콕! 8~11번 문제

×	0	1	②	3	④	5
②	0	2	4	6	→ 8	10
④	0	4	→ 8	12	16	20

곱하는 두 수의 순서를 바꾸어 곱해도 곱은 같아.
바르게 계산했는지 꼭 확인해.

◆ 곱셈표를 완성해 보세요.

8

×	0	1	2	3	4	5	6
1		1	2			5	
2	0		4			10	12
3		3			12	15	18

9

×	1	2	3	4	5	6	7
4	4		12		20		28
5	5		15	20		30	
6		12				30	36

10

×	2	3	4	5	6	7	8
7	14	21			42		56
8		24	32			56	64
9		27		45			72

11

×	3	4	5	6	7	8	9
3		12			21		27
6	18		30			48	54
9	27		45	54			81

◆ 곱셈표를 보고 ☐ 안에 알맞은 수를 써넣으세요.

×	0	1	2	3	4	5	6	7	8	9
0	0	0	0	0	0	0	0	0	0	0
1	0	1	2	3	4	5	6	7	8	9
2	0	2	4	6	8	10	12	14	16	18
3	0	3	6	9	12	15	18	21	24	27
4	0	4	8	12	16	20	24	28	32	36
5	0	5	10	15	20	25	30	35	40	45
6	0	6	12	18	24	30	36	42	48	54
7	0	7	14	21	28	35	42	49	56	63
8	0	8	16	24	32	40	48	56	64	72
9	0	9	18	27	36	45	54	63	72	81

12 3×3과 곱이 같은 곱셈구구

☐ × ☐   ☐ × ☐

13 4×4와 곱이 같은 곱셈구구

☐ × ☐   ☐ × ☐

14 곱이 12인 곱셈구구

☐ × ☐   ☐ × ☐

☐ × ☐   ☐ × ☐

15 곱이 18인 곱셈구구

☐ × ☐   ☐ × ☐

☐ × ☐   ☐ × ☐

◆ 곱셈표를 보고 ☐ 안에 알맞은 수를 써넣으세요.

16

×	0	1	2	3	4	5
☐	0	2	4	6	8	10

17

×	2	3	4	5	6	7
☐	12	18	24	30	36	42

18

×	4	5	6	7	8	9
☐	28	35	42	49	56	63

19

×	1	2	3	4	5	6
☐	5	10	15	20	25	30

20

×	3	4	5	6	7	8
☐	9	12	15	18	21	24

21

×	0	2	4	5	8	9
☐	0	16	32	40	64	72

◆ 곱이 같은 것끼리 이어 보세요.

22

3×9 •	• 4×8
5×7 •	• 7×5
8×4 •	• 9×3

23

8×1 •	• 4×2
3×8 •	• 6×6
9×4 •	• 4×6

24

6×9 •	• 4×7
8×5 •	• 9×6
7×4 •	• 5×8

25

2×8 •	• 2×2
4×1 •	• 4×4
6×2 •	• 3×4

◆ 아기 새가 가고 싶어 하는 곳에 ○표 하세요.

26

☐안에 알맞은 수를 따라가면 내가 가고 싶은 곳을 알 수 있어!

출발

×	1	2	3	4	5	6	7	8	9
1	1	2	3	4	5			8	9
2			6	8	10	12	14	16	18
3	3	6	9	12	15	18	21		27
4	4	8	12		20	24	28		36
5	5	10	15		25	30	35	40	45
6	6	12	18	24	30	36	42	48	54
7	7	14	21	28	35	42	♥	56	63
8	8			32	40	48	56	64	72
9	9	18	27	36	45	54	63	72	81

2단원
17회

4단 곱셈구구는 곱이 ☐씩 커집니다. →4→ 곱이 36인 곱셈구구는 ☐개입니다.

↓2   ←4←   ↓3

♥에 들어갈 수는 ☐입니다. →47→ 6단 곱셈구구는 곱이 ☐씩 커집니다.

↓49   →8→   ↓6

내가 편하게 쉴 수 있는 둥지!

시원한 물이 있는 연못!

+ 문해력

27 은서 동생의 나이는 3살이고, 지후 동생의 나이는 4살입니다. 은서와 지후의 나이는 각각 몇 살일까요?

내 나이는 동생 나이의 4배야.

내 나이는 동생 나이의 3배야.

풀이 은서 ➔ (은서 동생의 나이) × 4

= ☐ × ☐ = ☐

지후 ➔ (지후 동생의 나이) × 3

= ☐ × ☐ = ☐

은서   지후

답 은서의 나이는 ☐살, 지후의 나이는 ☐살입니다.

◆ ☐ 안에 알맞은 수를 써넣으세요.

1 ① 2×7= ☐ ② 2×4= ☐

2 ① 5×3= ☐ ② 5×9= ☐

3 ① 3×1= ☐ ② 3×3= ☐

4 ① 6×4= ☐ ② 6×8= ☐

5 ① 4×2= ☐ ② 4×5= ☐

6 ① 8×6= ☐ ② 8×1= ☐

7 ① 7×9= ☐ ② 7×7= ☐

8 ① 9×5= ☐ ② 9×2= ☐

9 ① 1×3= ☐ ② 1×7= ☐

10 ① 0×4= ☐ ② 3×0= ☐

◆ ☐ 안에 알맞은 수를 써넣으세요.

11 ① 2×☐=4 ② 2×☐=12

12 ① 5×☐=25 ② 5×☐=40

13 ① 3×☐=21 ② 3×☐=27

14 ① 6×☐=36 ② 6×☐=54

15 ① 4×☐=24 ② 4×☐=32

16 ① 8×☐=16 ② 8×☐=56

17 ① 7×☐=56 ② 7×☐=28

18 ① 9×☐=36 ② 9×☐=54

19 ① 1×☐=4 ② 1×☐=8

20 ① 5×☐=0 ② ☐×9=0

◆ 수직선을 보고 ☐ 안에 알맞은 수를 써넣으세요.

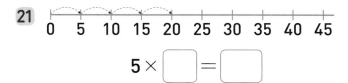

21
0 5 10 15 20 25 30 35 40 45

$5 \times \boxed{} = \boxed{}$

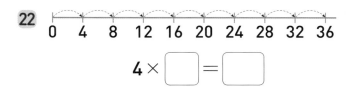

22
0 4 8 12 16 20 24 28 32 36

$4 \times \boxed{} = \boxed{}$

23
0 7 14 21 28 35 42 49 56 63

$7 \times \boxed{} = \boxed{}$

24
0 2 4 6 8 10 12 14 16 18

$2 \times \boxed{} = \boxed{}$

25
0 6 12 18 24 30 36 42 48 54

$6 \times \boxed{} = \boxed{}$

26
0 3 6 9 12 15 18 21 24 27

$3 \times \boxed{} = \boxed{}$

27
0 8 16 24 32 40 48 56 64 72

$8 \times \boxed{} = \boxed{}$

28
0 9 18 27 36 45 54 63 72 81

$9 \times \boxed{} = \boxed{}$

◆ 곱셈표를 완성해 보세요.

29

×	0	1	2	3	4	5	6
4		4		12		20	
5	0		10		20		30
6			12	18		30	36

30

×	2	3	4	5	6	7	8
7	14	21			42		56
8		24	32			56	64
9		27		45			72

31

×	3	4	5	6	7	8	9
3	9	12			21		27
5		20	25			40	45
7		28		42			63

32

×	0	1	2	3	4	5	6
1	0	1	2		4		6
5	0		10	15		25	30
8		8			32	40	

33

×	3	4	5	6	7	8	9
2		8	10	12	14	16	
6	18			36		48	54
9	27	36		54	63		

2**단원**

18**회**

◆ 빈칸에 알맞은 수를 써넣으세요.

1 ×

3	2	
	5	

2 ×

6	3	
	4	

3 ×

4	7	
	9	

4 ×

8	2	
	8	

5 ×

7	6	
	1	

6 ×

9	5	
	2	

◆ 빈칸에 알맞은 수를 써넣으세요.

7 × ×

2	7	
4	4	

8 × ×

3	5	
0	1	

9 × ×

7	0	
5	6	

10 × ×

1	9	
6	8	

11 × ×

9	2	
8	3	

◆ 주어진 단 곱셈구구의 값을 모두 찾아 ○표 하세요.

12

2단 곱셈구구
4　7　8　10　15　19

13

3단 곱셈구구
3　8　15　20　25　27

14

4단 곱셈구구
5　12　16　30　25　36

15

5단 곱셈구구
12　16　20　35　40　48

16

6단 곱셈구구
15　21　24　38　42　54

17

7단 곱셈구구
7　18　42　48　54　63

18

8단 곱셈구구
4　18　24　42　64　72

19

9단 곱셈구구
12　21　27　45　56　81

◆ 곱셈표를 보고 ☐ 안에 알맞은 수를 써넣으세요.

20

×	1	2	3	4	5	6
☐	3	6	9	12	15	18

21

×	3	4	5	6	7	8
☐	15	20	25	30	35	40

22

×	4	5	6	7	8	9
☐	24	30	36	42	48	54

23

×	2	3	4	5	6	7
☐	16	24	32	40	48	56

24

×	0	1	3	5	7	9
☐	0	2	6	10	14	18

25

×	0	2	4	6	7	8
☐	0	8	16	24	28	32

26

×	0	1	2	3	4	5
☐	0	9	18	27	36	45

2⟨단원⟩ 19회

3 길이 재기

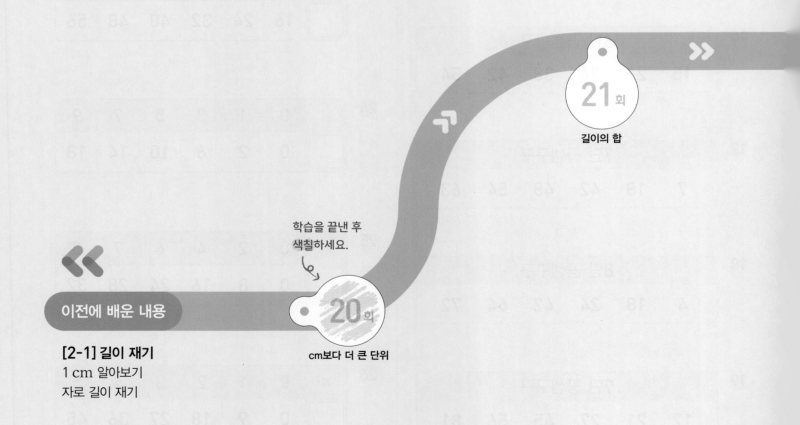

이전에 배운 내용

[2-1] 길이 재기
1 cm 알아보기
자로 길이 재기

학습을 끝낸 후
색칠하세요.

20회
cm보다 더 큰 단위

21회
길이의 합

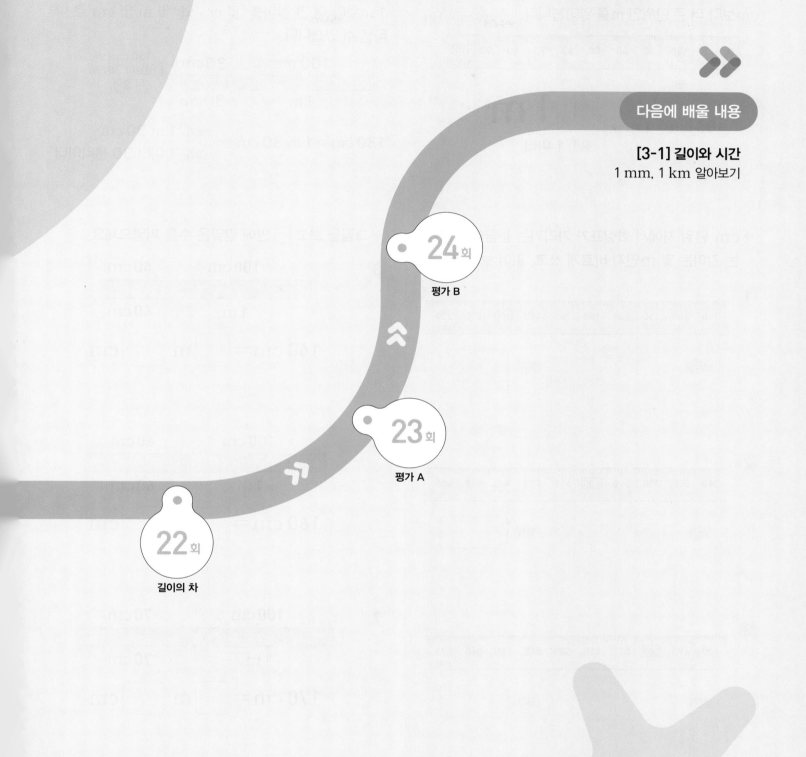

다음에 배울 내용

[3-1] 길이와 시간
1 mm, 1 km 알아보기

24회
평가 B

23회
평가 A

22회
길이의 차

개념 cm보다 더 큰 단위

cm보다 더 큰 단위인 m를 알아봅니다.

100 cm = 1 m

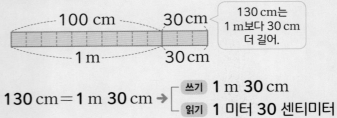

100 cm = 1 m → 쓰기 **1 m** 읽기 1 미터

1 m보다 더 긴 길이를 '몇 cm'와 '몇 m 몇 cm'로 나타낼 수 있습니다.

130 cm는 1 m보다 30 cm 더 길어.

130 cm = 1 m 30 cm → 쓰기 1 m 30 cm 읽기 1 미터 30 센티미터

◆ cm 단위 자에서 화살표가 가리키는 눈금이 나타내는 길이는 몇 m인지 바르게 쓰고, 읽어 보세요.

1
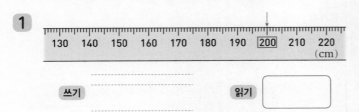

쓰기 _____   읽기 [ ]

2

360 370 380 390 [400] 410 420 430 440 450 (cm)

쓰기 _____   읽기 [ ]

3

480 490 [500] 510 520 530 540 550 560 570 (cm)

쓰기 _____   읽기 [ ]

4

640 650 660 670 680 690 [700] 710 720 730 (cm)

쓰기 _____   읽기 [ ]

◆ 그림을 보고 ☐ 안에 알맞은 수를 써넣으세요.

5
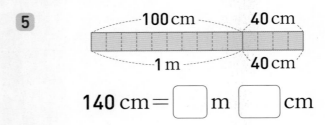

140 cm = ☐ m ☐ cm

6
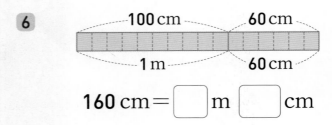

160 cm = ☐ m ☐ cm

7
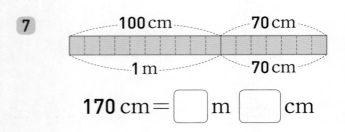

170 cm = ☐ m ☐ cm

8
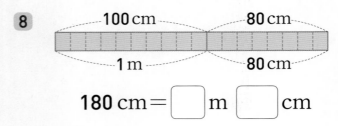

180 cm = ☐ m ☐ cm

연습 cm보다 더 큰 단위

실수 콕! 18, 19번 문제

몇 m 몇 cm	→	몇 cm

2 m 5 cm → 2 0 5 cm ○

2 5 cm ✗

십의 자리에 0을 써야 하니까 조심!

◆ ☐ 안에 알맞은 수를 써넣으세요.

9 ① 200 cm = ☐ m

② 600 cm = ☐ m

10 ① 300 cm = ☐ m

② 800 cm = ☐ m

11 ① 180 cm = ☐ m ☐ cm

② 210 cm = ☐ m ☐ cm

12 ① 305 cm = ☐ m ☐ cm

② 427 cm = ☐ m ☐ cm

13 ① 508 cm = ☐ m ☐ cm

② 654 cm = ☐ m ☐ cm

14 ① 701 cm = ☐ m ☐ cm

② 932 cm = ☐ m ☐ cm

◆ ☐ 안에 알맞은 수를 써넣으세요.

15 ① 3 m = ☐ cm

② 7 m = ☐ cm

16 ① 4 m = ☐ cm

② 5 m = ☐ cm

17 ① 1 m 90 cm = ☐ cm

② 3 m 50 cm = ☐ cm

실수 콕!

18 ① 4 m 6 cm = ☐ cm

② 7 m 8 cm = ☐ cm

실수 콕!

19 ① 2 m 9 cm = ☐ cm

② 6 m 7 cm = ☐ cm

20 ① 5 m 15 cm = ☐ cm

② 8 m 60 cm = ☐ cm

21 ① 7 m 13 cm = ☐ cm

② 9 m 46 cm = ☐ cm

◆ 바르게 나타낸 것은 ○표, 잘못 나타낸 것은 ×표 하세요.

22 310 cm＝3 m 1 cm ○

23 438 cm＝4 m 38 cm ○

24 5 m 40 cm＝540 cm ○

25 6 m 19 cm＝6019 cm ○

26 127 cm＝12 m 7 cm ○

27 3 m 62 cm＝362 cm ○

28 8 m 3 cm＝830 cm ○

29 725 cm＝7 m 25 cm ○

◆ 더 긴 길이에 색칠해 보세요.

30 240 cm | 2 m 4 cm

31 372 cm | 3 m 81 cm

32 4 m 36 cm | 450 cm

33 7 m 90 cm | 789 cm

34 945 cm | 9 m 54 cm

35 5 m 72 cm | 529 cm

36 684 cm | 6 m 68 cm

37 8 m 11 cm | 881 cm

◆ 자물쇠와 나타내는 길이가 같은 열쇠로 자물쇠를 열 수 있습니다. 자물쇠에 알맞은 열쇠를 찾아 이어 보세요.

38

2 m 73 cm

2 m 7 cm

2 m 3 cm

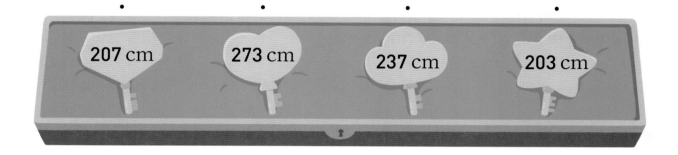
207 cm   **273 cm**   **237 cm**   **203 cm**

39

6 m 5 cm   **6 m 50 cm**   **6 m 45 cm**

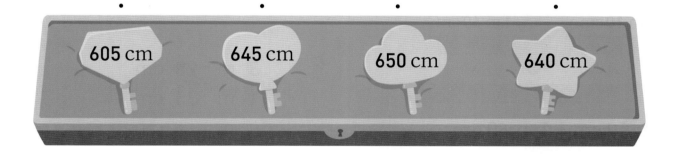
605 cm   **645 cm**   **650 cm**   **640 cm**

＋문해력

40 희수네 집 현관문의 높이는 2 m 보다 15 cm 더 깁니다. 희수네 집 현관문의 높이는 몇 cm인가요?

풀이 ☐ m ☐ cm = ☐ cm + ☐ cm = ☐ cm

답 희수네 집 현관문의 높이는 ☐ cm입니다.

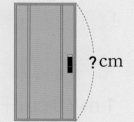
? cm

1 m 30 cm＋1 m 10 cm를 그림을 이용하여 알아봅니다.

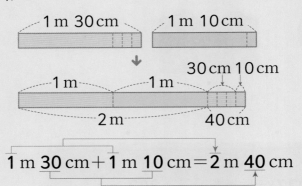

$$1 \text{ m } \underline{30} \text{ cm}＋1 \text{ m } \underline{10} \text{ cm}＝\underline{2} \text{ m } \underline{40} \text{ cm}$$

같은 단위끼리 맞추어 쓴 다음 m는 m끼리, cm는 cm끼리 더합니다.

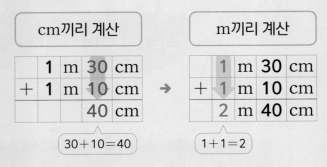

cm끼리 계산	m끼리 계산

	1	m	30	cm
＋	1	m	10	cm
			40	cm

30＋10＝40

→

	1	m	30	cm
＋	1	m	10	cm
	2	m	40	cm

1＋1＝2

◆ 그림을 보고 ☐ 안에 알맞은 수를 써넣으세요.

1

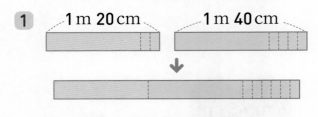

1 m 20 cm＋1 m 40 cm

＝ ☐ m ☐ cm

2

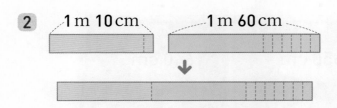

1 m 10 cm＋1 m 60 cm

＝ ☐ m ☐ cm

3

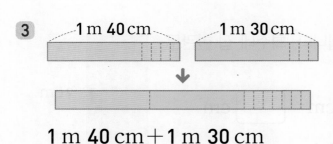

1 m 40 cm＋1 m 30 cm

＝ ☐ m ☐ cm

◆ 길이의 합을 구하세요.

4

	1	m	40	cm
＋	2	m	20	cm
		m		cm

5

	2	m	50	cm
＋	2	m	40	cm
		m		cm

6

	3	m	20	cm
＋	1	m	35	cm
		m		cm

7

	5	m	65	cm
＋	2	m	10	cm
		m		cm

8

	6	m	12	cm
＋	3	m	27	cm
		m		cm

 **연습** 길이의 합

실수 콕! 10, 17, 18번 문제

십의 자리 수와 일의 자리 수를 더하면 안 돼.

	7 m	20 cm		7 m	20 cm
+	1 m	4 cm	+	1 m	4 cm
	8 m	60 cm		8 m	24 cm

(왼쪽 ✕, 오른쪽 ◯)

◆ 길이의 합을 구하세요.

9 ①　　1 m　30 cm　② 　　1 m　30 cm
　　　＋3 m　20 cm　　　＋5 m　30 cm

10 ① 　　2 m　32 cm　② 　　2 m　32 cm
　　　＋1 m　　3 cm　　　＋4 m　　5 cm

11 ① 　　3 m　60 cm　② 　　3 m　60 cm
　　　＋3 m　11 cm　　　＋6 m　26 cm

12 ① 　　4 m　43 cm　② 　　4 m　43 cm
　　　＋2 m　40 cm　　　＋5 m　10 cm

13 ① 　　5 m　16 cm　② 　　5 m　16 cm
　　　＋1 m　43 cm　　　＋3 m　82 cm

14 ① 　　6 m　53 cm　② 　　6 m　53 cm
　　　＋2 m　32 cm　　　＋4 m　14 cm

◆ 길이의 합을 구하세요.

15 ① 2 m 30 cm＋4 m 10 cm

② 2 m 30 cm＋6 m 40 cm

16 ① 3 m 20 cm＋1 m 60 cm

② 3 m 20 cm＋4 m 50 cm

실수 콕!
17 ① 5 m 10 cm＋1 m 5 cm

② 5 m 10 cm＋2 m 3 cm

실수 콕!
18 ① 6 m 7 cm＋2 m 20 cm

② 6 m 7 cm＋3 m 10 cm

19 ① 7 m 46 cm＋1 m 33 cm

② 7 m 46 cm＋2 m 11 cm

20 ① 8 m 25 cm＋2 m 32 cm

② 8 m 25 cm＋3 m 43 cm

21 ① 10 m 64 cm＋4 m 13 cm

② 10 m 64 cm＋5 m 21 cm

◆ 빈칸에 알맞은 길이는 몇 m 몇 cm인지 써넣으세요.

◆ ☐ 안에 알맞은 수를 써넣으세요.

22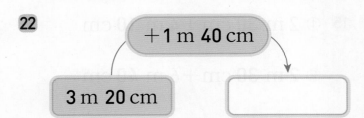

23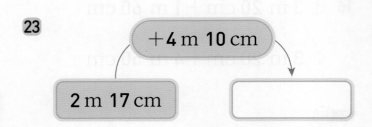

24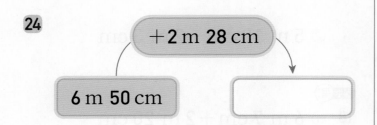

25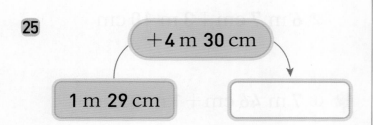

26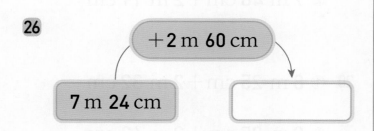

27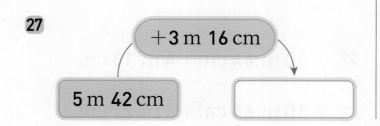

28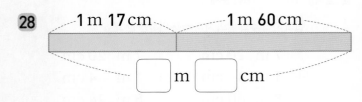

29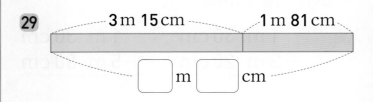

30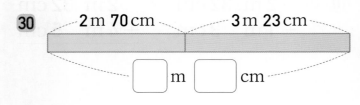

31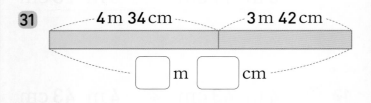

32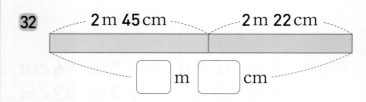

33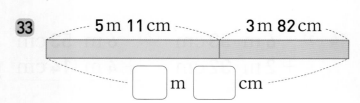

★ 완성 길이의 합

◆ 다음은 민주가 동네를 그린 그림입니다. 그림에서 나타내는 거리는 몇 m 몇 cm인지 구하세요.

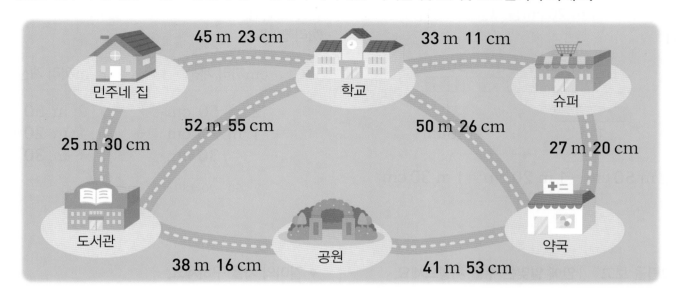

45 m 23 cm
33 m 11 cm
민주네 집
학교
슈퍼
52 m 55 cm
50 m 26 cm
25 m 30 cm
27 m 20 cm
도서관
공원
약국
38 m 16 cm
41 m 53 cm

34
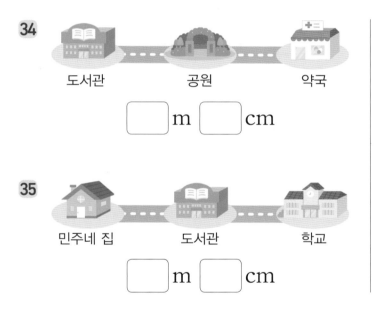

도서관   공원   약국

☐ m ☐ cm

36
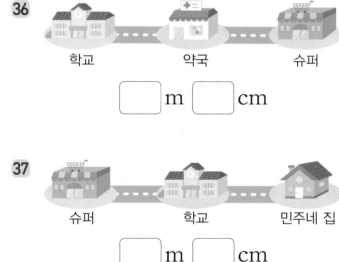

학교   약국   슈퍼

☐ m ☐ cm

35

민주네 집   도서관   학교

☐ m ☐ cm

37

슈퍼   학교   민주네 집

☐ m ☐ cm

＋문해력

38 털실을 현서는 2 m 36 cm , 승기는 1 m 23 cm 가지고 있습니다. 두 사람이 가지고 있는 털실의 길이의 합은 몇 m 몇 cm일까요?

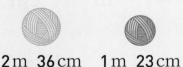

2 m 36 cm   1 m 23 cm

풀이 (현서가 가지고 있는 털실의 길이)＋(승기가 가지고 있는 털실의 길이)

＝☐ m ☐ cm＋☐ m ☐ cm＝☐ m ☐ cm

답 두 사람이 가지고 있는 털실의 길이의 합은 ☐ m ☐ cm입니다.

개념 길이의 차

2 m 50 cm－1 m 20 cm를 그림을 이용하여 알아봅니다.

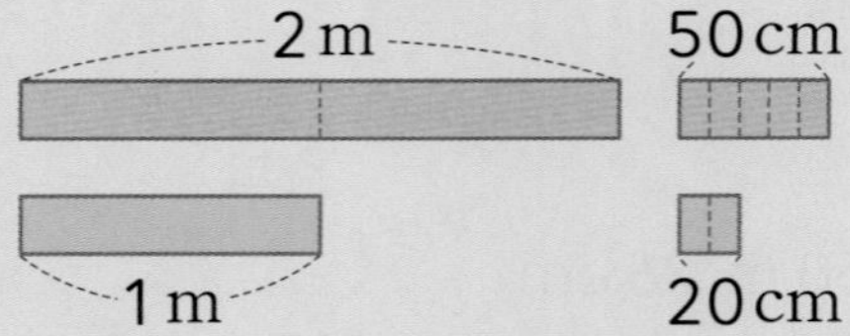

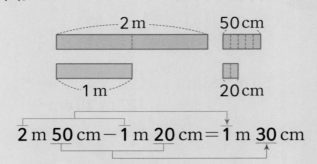

2 m 50 cm－1 m 20 cm＝1 m 30 cm

같은 단위끼리 맞추어 쓴 다음 m는 m끼리, cm는 cm끼리 뺍니다.

cm끼리 계산

	2	m	50	cm
－	1	m	20	cm
			30	cm

50－20＝30

➔ m끼리 계산

	2	m	50	cm
－	1	m	20	cm
	1	m	30	cm

2－1＝1

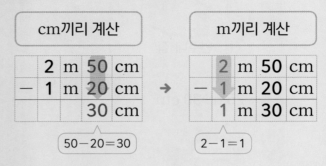

◆ 그림을 보고 ▢ 안에 알맞은 수를 써넣으세요.

1

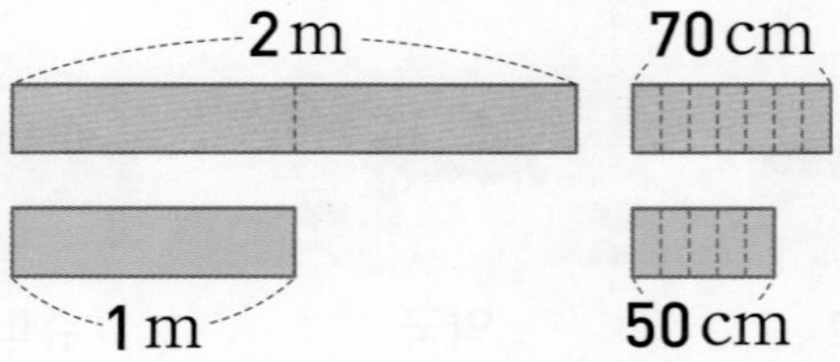

2 m 70 cm－1 m 50 cm

＝▢ m ▢ cm

2

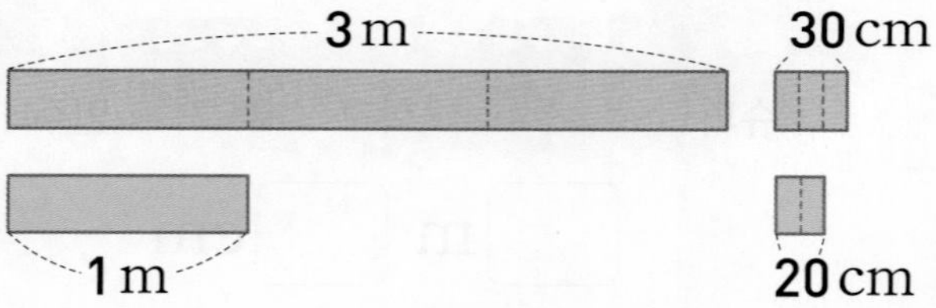

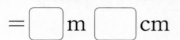

3 m 30 cm－1 m 20 cm

＝▢ m ▢ cm

3

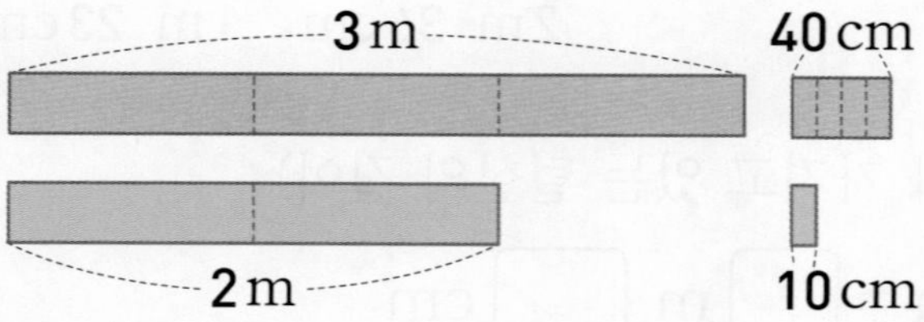

3 m 40 cm－2 m 10 cm

＝▢ m ▢ cm

◆ 길이의 차를 구하세요.

4

	2	m	50	cm
－	1	m	40	cm
		m		cm

5

	4	m	60	cm
－	1	m	20	cm
		m		cm

6

	5	m	35	cm
－	2	m	10	cm
		m		cm

7

	7	m	85	cm
－	3	m	25	cm
		m		cm

8

	9	m	42	cm
－	5	m	21	cm
		m		cm

 **연습** 길이의 차

실수 콕! 10, 12, 16, 20번 문제

	7 m	35 cm			7 m	64 cm
−	7 m	12 cm		−	3 m	64 cm
		23 ✗				4 ✗

> m끼리, cm끼리 계산한 값이 0일 때
> 단위를 잘못 쓰지 않도록 주의!

◆ 길이의 차를 구하세요.

9 ①   3 m 80 cm   ②   3 m 80 cm
      − 1 m 20 cm   − 2 m 70 cm

실수 콕!
10 ①   4 m 70 cm   ②   4 m 70 cm
      − 1 m 20 cm   − 4 m 40 cm

11 ①   5 m 93 cm   ②   5 m 93 cm
      − 2 m 40 cm   − 4 m   2 cm

실수 콕!
12 ①   6 m 58 cm   ②   6 m 58 cm
      − 1 m 38 cm   − 3 m 58 cm

13 ①   8 m 47 cm   ②   8 m 47 cm
      − 2 m 15 cm   − 5 m 22 cm

14 ①   9 m 76 cm   ②   9 m 76 cm
      − 4 m 13 cm   − 7 m 31 cm

◆ 길이의 차를 구하세요.

15 ① 2 m 60 cm − 1 m 40 cm

    ② 2 m 60 cm − 1 m 50 cm

실수 콕!
16 ① 3 m 90 cm − 1 m 90 cm

    ② 3 m 90 cm − 2 m 60 cm

17 ① 5 m 37 cm − 3 m 1 cm

    ② 5 m 37 cm − 4 m 2 cm

18 ① 6 m 88 cm − 2 m 48 cm

    ② 6 m 88 cm − 5 m 35 cm

19 ① 7 m 72 cm − 1 m 30 cm

    ② 7 m 72 cm − 4 m 51 cm

실수 콕!
20 ① 8 m 65 cm − 3 m 44 cm

    ② 8 m 65 cm − 8 m 35 cm

21 ① 9 m 59 cm − 2 m 25 cm

    ② 9 m 59 cm − 5 m 19 cm

3 단원 **22**회

◆ 빈칸에 두 길이의 차는 몇 m 몇 cm인지 써넣으세요.

22
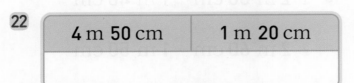
| 4 m 50 cm | 1 m 20 cm |

23
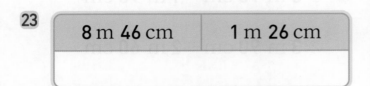
| 8 m 46 cm | 1 m 26 cm |

24
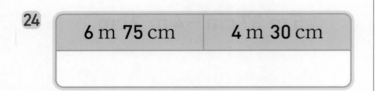
| 6 m 75 cm | 4 m 30 cm |

25
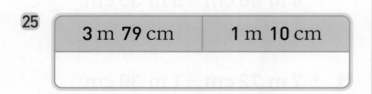
| 3 m 79 cm | 1 m 10 cm |

26
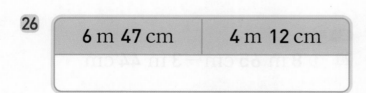
| 6 m 47 cm | 4 m 12 cm |

27
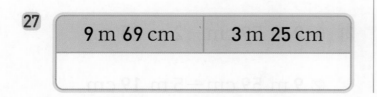
| 9 m 69 cm | 3 m 25 cm |

◆ □ 안에 알맞은 수를 써넣으세요.

28
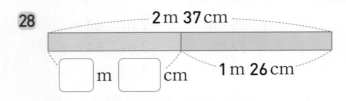
2 m 37 cm
□ m □ cm   1 m 26 cm

29
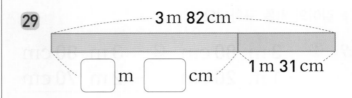
3 m 82 cm
□ m □ cm   1 m 31 cm

30
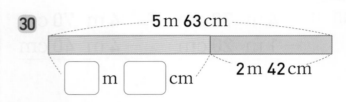
5 m 63 cm
□ m □ cm   2 m 42 cm

31
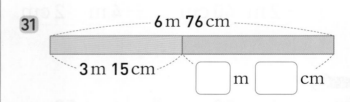
6 m 76 cm
3 m 15 cm   □ m □ cm

32
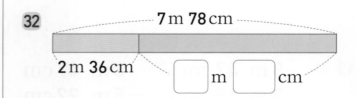
7 m 78 cm
2 m 36 cm   □ m □ cm

33
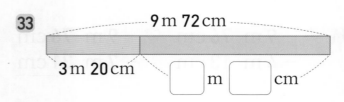
9 m 72 cm
3 m 20 cm   □ m □ cm

★ 완성 길이의 차

◆ 계산 결과가 바른 것을 따라갔을 때 은서네 가족이 만나게 될 동물의 이름을 ◯ 안에 써넣으세요.

34

은서네 가족

| 출발 ➡ | $6\,\mathrm{m}\ 53\,\mathrm{cm}$
$-\ 2\,\mathrm{m}\ 21\,\mathrm{cm}$
$4\,\mathrm{m}\ 32\,\mathrm{cm}$ | $8\,\mathrm{m}\ 67\,\mathrm{cm}$
$-\ 2\,\mathrm{m}\ 16\,\mathrm{cm}$
$6\,\mathrm{m}\ 41\,\mathrm{cm}$ |

| $10\,\mathrm{m}\ 45\,\mathrm{cm}$
$-\ 5\,\mathrm{m}\ 15\,\mathrm{cm}$
$6\,\mathrm{m}\ 30\,\mathrm{cm}$ | $9\,\mathrm{m}\ 40\,\mathrm{cm}$
$-\ 1\,\mathrm{m}\ 30\,\mathrm{cm}$
$8\,\mathrm{m}\ 10\,\mathrm{cm}$ | $7\,\mathrm{m}\ 86\,\mathrm{cm}$
$-\ 3\,\mathrm{m}\ 44\,\mathrm{cm}$
$4\,\mathrm{m}\ 42\,\mathrm{cm}$ |

| $5\,\mathrm{m}\ 75\,\mathrm{cm}$
$-\ 3\,\mathrm{m}\ 35\,\mathrm{cm}$
$2\,\mathrm{m}\ 30\,\mathrm{cm}$ | $5\,\mathrm{m}\ 98\,\mathrm{cm}$
$-\ 4\,\mathrm{m}\ \ 5\,\mathrm{cm}$
$1\,\mathrm{m}\ 48\,\mathrm{cm}$ | $3\,\mathrm{m}\ 39\,\mathrm{cm}$
$-\ 2\,\mathrm{m}\ 28\,\mathrm{cm}$
$1\,\mathrm{m}\ 11\,\mathrm{cm}$ |

나는 호랑이야.

나는 돌고래야.

나는 낙타야.

은서네 가족은 [　　] 를 만나게 됩니다.

◀ **문해력**

35 진하의 키는 ⟨1 m 35 cm⟩이고, 진하 아버지의 키는 ⟨1 m 76 cm⟩입니다. 진하의 키는 아버지의 키보다 몇 cm만큼 더 작은가요?

1 m 35 cm   1 m 76 cm

풀이 (아버지의 키) − (진하의 키)

= [　] m [　] cm − [　] m [　] cm = [　] cm

답 진하의 키는 아버지의 키보다 [　] cm만큼 더 작습니다.

◆ ☐ 안에 알맞은 수를 써넣으세요.

1 ① 100 cm = ☐ m

② 400 cm = ☐ m

2 ① 290 cm = ☐ m ☐ cm

② 340 cm = ☐ m ☐ cm

3 ① 317 cm = ☐ m ☐ cm

② 584 cm = ☐ m ☐ cm

4 ① 2 m = ☐ cm

② 6 m = ☐ cm

5 ① 4 m 20 cm = ☐ cm

② 5 m 70 cm = ☐ cm

6 ① 6 m 8 cm = ☐ cm

② 9 m 4 cm = ☐ cm

7 ① 7 m 52 cm = ☐ cm

② 8 m 16 cm = ☐ cm

◆ 길이의 합을 구하세요.

8 ①　　1 m 20 cm
　　+ 2 m 60 cm

②　　1 m 20 cm
　　+ 4 m 20 cm

9 ①　　4 m 70 cm
　　+ 1 m　8 cm

②　　4 m 70 cm
　　+ 1 m　2 cm

10 ①　　3 m 40 cm
　　+ 1 m 25 cm

②　　3 m 40 cm
　　+ 2 m 32 cm

11 ①　　6 m 24 cm
　　+ 1 m 50 cm

②　　6 m 24 cm
　　+ 3 m 60 cm

12 ①　　5 m 46 cm
　　+ 2 m 13 cm

②　　5 m 46 cm
　　+ 3 m 52 cm

13 ①　　7 m 56 cm
　　+ 1 m 22 cm

②　　7 m 56 cm
　　+ 2 m 13 cm

14 ①　　8 m 17 cm
　　+ 1 m 51 cm

②　　8 m 17 cm
　　+ 1 m 72 cm

◆ 길이의 차를 구하세요.

15 ① 3 m 70 cm − 1 m 50 cm ② 3 m 70 cm − 2 m 40 cm

16 ① 6 m 53 cm − 1 m 1 cm ② 6 m 53 cm − 4 m 3 cm

17 ① 4 m 76 cm − 1 m 33 cm ② 4 m 76 cm − 2 m 41 cm

18 ① 5 m 68 cm − 1 m 50 cm ② 5 m 68 cm − 3 m 20 cm

19 ① 7 m 97 cm − 3 m 70 cm ② 7 m 97 cm − 7 m 53 cm

20 ① 8 m 95 cm − 4 m 75 cm ② 8 m 95 cm − 6 m 55 cm

21 ① 9 m 89 cm − 2 m 65 cm ② 9 m 89 cm − 6 m 84 cm

◆ 길이의 합 또는 차를 구하세요.

22 ① 2 m 70 cm + 3 m 10 cm

② 2 m 70 cm + 5 m 20 cm

23 ① 4 m 25 cm + 1 m 22 cm

② 4 m 25 cm + 2 m 54 cm

24 ① 6 m 60 cm + 2 m 1 cm

② 6 m 60 cm + 3 m 3 cm

25 ① 7 m 21 cm + 1 m 32 cm

② 7 m 21 cm + 2 m 57 cm

26 ① 4 m 37 cm − 2 m 13 cm

② 4 m 37 cm − 3 m 24 cm

27 ① 5 m 96 cm − 3 m 5 cm

② 5 m 96 cm − 4 m 4 cm

28 ① 9 m 47 cm − 1 m 14 cm

② 9 m 47 cm − 5 m 36 cm

◆ 바르게 나타낸 것은 ◯표, 잘못 나타낸 것은 ╳표 하세요.

1 5 m 2 cm = 520 cm ◯

2 490 cm = 49 m ◯

3 9 m 45 cm = 945 cm ◯

4 7 m = 70 cm ◯

5 304 cm = 3 m 4 cm ◯

6 6 m 81 cm = 681 cm ◯

7 260 cm = 2 m 6 cm ◯

8 8 m 27 cm = 827 cm ◯

◆ 빈칸에 알맞은 길이는 몇 m 몇 cm인지 써넣으세요.

9 2 m 50 cm +3 m 32 cm → ☐

10 4 m 25 cm +1 m 13 cm → ☐

11 5 m 3 cm +2 m 46 cm → ☐

12 6 m 43 cm +4 m 54 cm → ☐

13 8 m 27 cm +1 m 61 cm → ☐

14 9 m 21 cm +2 m 5 cm → ☐

◆ 빈칸에 두 길이의 차는 몇 m 몇 cm인지 써넣으세요.

15

4 m 55 cm	3 m 32 cm

16

5 m 89 cm	2 m 39 cm

17

6 m 47 cm	3 m 4 cm

18

7 m 71 cm	2 m 30 cm

19

8 m 28 cm	4 m 13 cm

20

9 m 36 cm	5 m 2 cm

◆ ☐ 안에 알맞은 수를 써넣으세요.

21

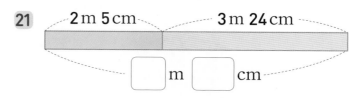

2 m 5 cm   3 m 24 cm

☐ m ☐ cm

22

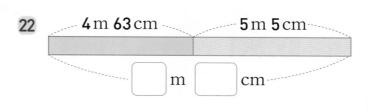

4 m 63 cm   5 m 5 cm

☐ m ☐ cm

23

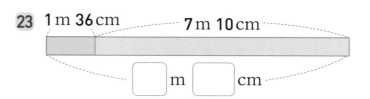

1 m 36 cm   7 m 10 cm

☐ m ☐ cm

24

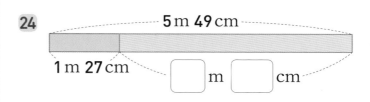

5 m 49 cm

1 m 27 cm   ☐ m ☐ cm

25

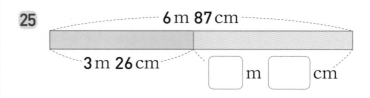

6 m 87 cm

3 m 26 cm   ☐ m ☐ cm

26

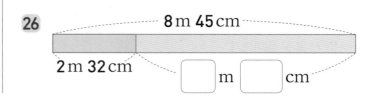

8 m 45 cm

2 m 32 cm   ☐ m ☐ cm

4 시각과 시간

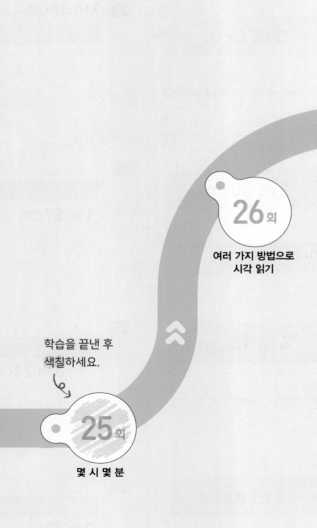

이전에 배운 내용

[1-2] 모양과 시각
몇 시 알아보기
몇 시 30분 알아보기

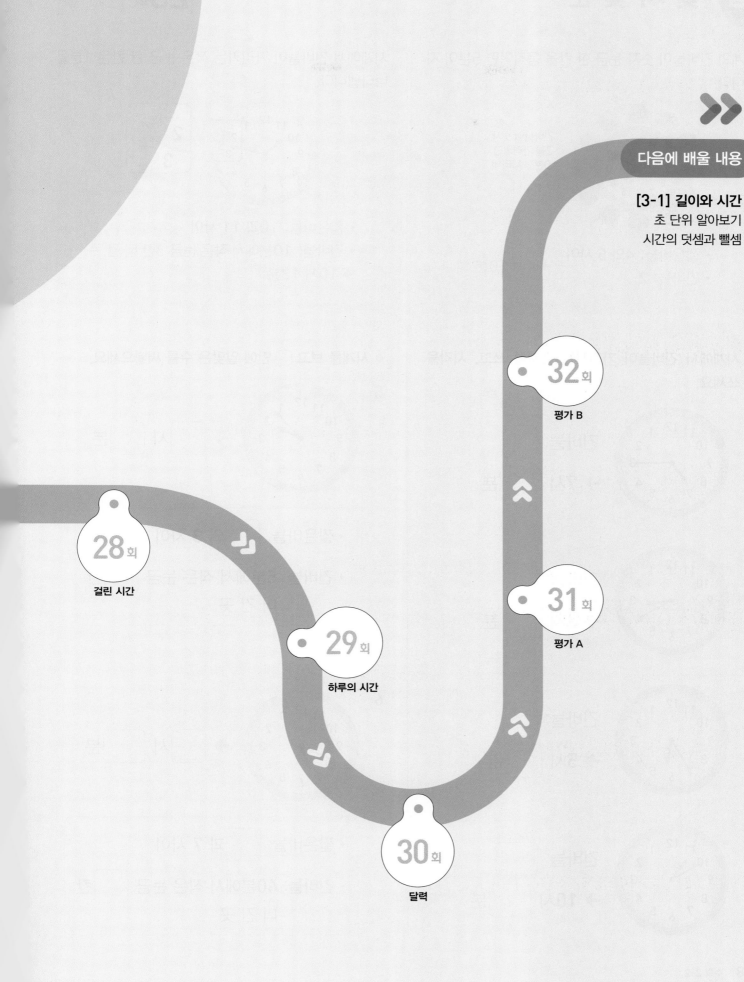

다음에 배울 내용

[3-1] 길이와 시간
초 단위 알아보기
시간의 덧셈과 뺄셈

32회
평가 B

28회
걸린 시간

29회
하루의 시간

31회
평가 A

30회
달력

시계의 긴바늘이 숫자 눈금 한 칸을 움직이면 5분이 지 납니다.

긴바늘이 숫자 2를 가리키면 10분을 나타내.

- 짧은바늘: 4와 5 사이
- 긴바늘: 2
→ 4시 10분

시계에서 긴바늘이 가리키는 작은 눈금 한 칸은 1분을 나타냅니다.

- 짧은바늘: 10과 11 사이
- 긴바늘: 10분에서 작은 눈금 3칸 더 간 곳
→ 10시 13분

◆ 시계에서 긴바늘이 가리키는 숫자를 쓰고, 시각을 쓰세요.

1
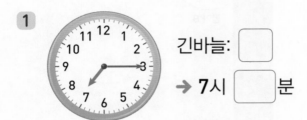
긴바늘: ☐
→ **7시** ☐ **분**

2

긴바늘: ☐
→ **3시** ☐ **분**

3
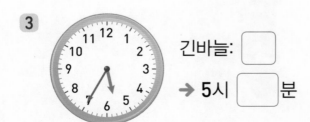
긴바늘: ☐
→ **5시** ☐ **분**

4

긴바늘: ☐
→ **10시** ☐ **분**

◆ 시계를 보고 ☐ 안에 알맞은 수를 써넣으세요.

5

→ ☐ **시** ☐ **분**

- 짧은바늘: ☐ 와 3 사이
- 긴바늘: 5분에서 작은 눈금 ☐ 칸 더 간 곳

6
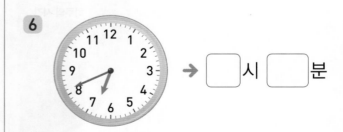
→ ☐ **시** ☐ **분**

- 짧은바늘: ☐ 과 7 사이
- 긴바늘: 40분에서 작은 눈금 ☐ 칸 더 간 곳

연습 | 몇 시 몇 분

실수 콕! 7~10번 문제

1시 50분 ◯

2시 50분 ✗

짧은바늘이 숫자와 숫자 사이에 있을 때는 뒤의 숫자를 읽지 않게 조심!

◆ 시각을 쓰세요.

7 ① 　②

☐시 ☐분　☐시 ☐분

8 ① 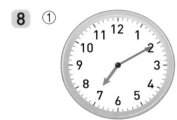　②

☐시 ☐분　☐시 ☐분

9 ① 　②

☐시 ☐분　☐시 ☐분

10 ① 　②

☐시 ☐분　☐시 ☐분

◆ 시각에 알맞게 긴바늘을 그려 넣으세요.

11 ① **6시 5분**　② **8시 10분**

12 ① **3시 35분**　② **5시 20분**

13 ① **2시 50분**　② **9시 45분**

14 ① **4시 9분**　② **10시 16분**

15 ① **1시 42분**　② **11시 33분**

◆ 같은 시각끼리 이어 보세요.

16

1 : 15 ·

5 : 10 ·

3 : 05 ·

17

6 : 13 ·

2 : 36 ·

7 : 14 ·

18

5 : 35 ·

6 : 11 ·

3 : 28 ·

19

4 : 29 ·

11 : 13 ·

8 : 44 ·

◆ 이야기에 나오는 시각을 시계에 나타내세요.

20

12시 20분에 집에 도착하였습니다.

21

9시 35분에 동화책을 읽었습니다.

22

6시 49분에 피아노를 쳤습니다.

★ 완성 · 몇 시 몇 분

◆ 시계가 나타내는 시각을 바르게 나타낸 것을 찾아 ◯표 하세요.

23

5:04 (   )   4:20 (   )

24

5:00 (   )   12:05 (   )

25

9:40 (   )   8:50 (   )

26

3:11 (   )   4:11 (   )

+ 문해력

27 현수가 시계를 보았더니 짧은바늘은 [3과 4 사이], 긴바늘은 [9에서] 작은 눈금 [2칸 더 간 곳]을 가리키고 있었습니다. 현수가 본 시계의 시각은 몇 시 몇 분일까요?

풀이 ┌ 짧은바늘: ☐과 ☐ 사이 ➡ ☐시

└ 긴바늘: ☐에서 작은 눈금 ☐칸 더 간 곳 ➡ ☐분

답 시계의 시각은 ☐시 ☐분입니다.

2시 55분에서 5분 후에 3시가 됩니다.
2시 55분은 3시가 되기 5분 전입니다.

| 2시 55분 | = | 3시 5분 전 |

2시 50분에서 10분 후에 3시가 됩니다.
2시 50분은 3시가 되기 10분 전입니다.

| 2시 50분 | = | 3시 10분 전 |

◆ 시계를 보고 ☐ 안에 알맞은 수를 써넣으세요.

1

① 시계가 나타내는 시각: 3시 ☐ 분

② ☐ 분 후에 4시가 됩니다.

③ 3시 ☐ 분 = 4시 ☐ 분 전

2

① 시계가 나타내는 시각: 11시 ☐ 분

② ☐ 분 후에 12시가 됩니다.

③ 11시 ☐ 분 = 12시 ☐ 분 전

◆ 시계를 보고 ☐ 안에 알맞은 수를 써넣으세요.

3

① 시계가 나타내는 시각: 5시 ☐ 분

② ☐ 분 후에 6시가 됩니다.

③ 5시 ☐ 분 = 6시 ☐ 분 전

4

① 시계가 나타내는 시각: 8시 ☐ 분

② ☐ 분 후에 9시가 됩니다.

③ 8시 ☐ 분 = 9시 ☐ 분 전

연습 여러 가지 방법으로 시각 읽기

◆ ☐ 안에 알맞은 수를 써넣으세요.

5

1시 55분은 2시 ☐ 분 전입니다.

6

4시 50분은 5시 ☐ 분 전입니다.

7

5시 55분은 6시 ☐ 분 전입니다.

8

7시 50분은 8시 ☐ 분 전입니다.

9

7시 5분 전은 6시 ☐ 분입니다.

10

11시 10분 전은 10시 ☐ 분입니다.

11

1시 5분 전은 12시 ☐ 분입니다.

◆ 시각을 읽어 보세요.

12
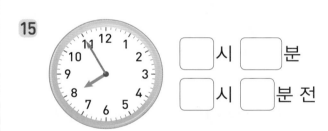

☐ 시 ☐ 분
☐ 시 ☐ 분 전

13

☐ 시 ☐ 분
☐ 시 ☐ 분 전

14

☐ 시 ☐ 분
☐ 시 ☐ 분 전

15

☐ 시 ☐ 분
☐ 시 ☐ 분 전

16

☐ 시 ☐ 분
☐ 시 ☐ 분 전

17

☐ 시 ☐ 분
☐ 시 ☐ 분 전

◆ 시각에 알맞게 긴바늘을 그려 넣으세요.

18 ① 2시 5분 전 ② 2시 10분 전

19 ① 4시 5분 전  ② 4시 10분 전

20 ① 7시 5분 전  ② 7시 10분 전

21 ① 1시 5분 전  ② 1시 10분 전

22 ① 9시 5분 전  ② 9시 10분 전

◆ 시계를 보고 ☐ 안에 알맞은 수를 써넣으세요.

23

서영이는 ☐시 ☐분 전에 일어났습니다.

24

은우네 가족은 ☐시 ☐분 전에 점심을 먹습니다.

25

진수와 동생은 ☐시 ☐분 전에 도서관에 도착하였습니다.

★ **완성** 여러 가지 방법으로 시각 읽기

◆ 친구들의 집까지 걸리는 시간을 보고 집에서 출발해야 하는 시각을 쓰세요.

26

연서의 생일 파티에 초대해요!

4월 8일 토요일, 6시
연서네 집으로 오세요.♡

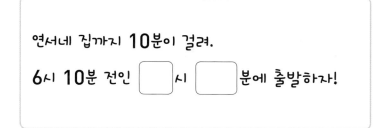

연서네 집까지 **10**분이 걸려.

6시 10분 전인 ☐시 ☐분에 출발하자!

27

♥ 시윤이의 생일 파티에 ♥
초대합니다!

날짜: 7월 30일 일요일
시각: 3시
장소: 시윤이네 집

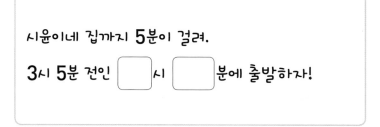

시윤이네 집까지 **5**분이 걸려.

3시 5분 전인 ☐시 ☐분에 출발하자!

28

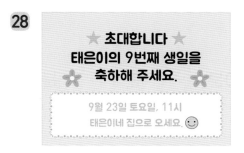

★ 초대합니다 ★
태은이의 9번째 생일을
축하해 주세요.

9월 23일 토요일, 11시
태은이네 집으로 오세요. ☺

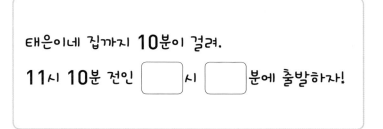

태은이네 집까지 **10**분이 걸려.

11시 10분 전인 ☐시 ☐분에 출발하자!

4단원

26회

➕ 문해력

29 은서는 아침 6시 55분 에 일어났고, 지후는 아침 7시 10분 전 에 일어났습니다. 은서와 지후 중 더 일찍 일어난 사람은 누구일까요?

 나는 아침 6시 55분에 일어났어.

나는 아침 7시 10분 전에 일어났지.

은서

지후

풀이 은서가 일어난 시각: ☐시 ☐분

지후가 일어난 시각: ☐시 ☐분 전 ➡ ☐시 ☐분

답 더 일찍 일어난 사람은 ☐ 입니다.

시계의 긴바늘이 한 바퀴 도는 데 60분이 걸립니다.

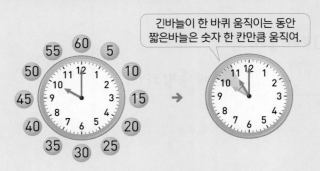

긴바늘이 한 바퀴 움직이는 동안
짧은바늘은 숫자 한 칸만큼 움직여.

60분＝1시간

1시간이 60분임을 이용하여 시간과 분의 관계를 알아
봅니다.

3시 10분　　4시 10분　　5시 10분

2시간＝1시간＋1시간＝60분＋60분
＝120분

◆ 시계의 긴바늘이 한 바퀴 돈 후의 시각을 오른쪽
시계에 나타내세요.

1

2

3

4

◆ ☐ 안에 알맞은 수를 써넣으세요.

5 1시간＝☐분

6 3시간＝60분＋☐분＋☐분

＝☐분

7 4시간

＝60분＋60분＋☐분＋☐분

＝☐분

8 5시간

＝☐분＋☐분＋☐분

＋☐분＋☐분

＝☐분

연습 1시간

◆ 걸린 시간은 모두 60분입니다. 시간 띠에 색칠하고, 끝난 시각을 구하세요.

9 1시 10분 20분 30분 40분 50분 2시 10분 20분 30분 40분 50분 3시

시작 시각	끝난 시각
1시 10분	☐시 ☐분

10 4시 10분 20분 30분 40분 50분 5시 10분 20분 30분 40분 50분 6시

시작 시각	끝난 시각
4시 40분	☐시 ☐분

11 7시 10분 20분 30분 40분 50분 8시 10분 20분 30분 40분 50분 9시

시작 시각	끝난 시각
7시 30분	☐시 ☐분

12 8시 10분 20분 30분 40분 50분 9시 10분 20분 30분 40분 50분 10시

시작 시각	끝난 시각
8시 20분	☐시 ☐분

◆ ☐ 안에 알맞은 수를 써넣으세요.

13 120분

= ☐분 + ☐분

= ☐시간

14 180분

= ☐분 + ☐분 + ☐분

= ☐시간

15 240분

= 60분 + ☐분 + ☐분 + ☐분

= ☐시간

16 420분

= 60분 + ☐분 + ☐분 + ☐분

+ ☐분 + ☐분 + ☐분

= ☐시간

17 360분

= ☐분 + ☐분 + ☐분

+ ☐분 + ☐분 + ☐분

= ☐시간

4. 시각과 시간 **107**

◆ 활동을 시작한 시각과 끝낸 시각을 나타낸 것입니다. 걸린 시간을 구하세요.

◆ 시계가 나타내는 시각에서 60분이 지난 시각을 쓰세요.

18

시작한 시각	끝낸 시각

걸린 시간: ☐ 시간

19

시작한 시각	끝낸 시각

걸린 시간: ☐ 시간

20

시작한 시각	끝낸 시각

걸린 시간: ☐ 시간

21

시작한 시각	끝낸 시각

걸린 시간: ☐ 시간

22

시계가 나타내는 시각을 쓰지 않도록 주의해.

→ ☐ 시 ☐ 분

23

 → ☐ 시 ☐ 분

24

 → ☐ 시 ☐ 분

25

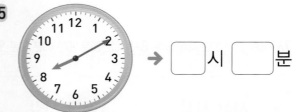 → ☐ 시 ☐ 분

26

 → ☐ 시 ☐ 분

27

 → ☐ 시 ☐ 분

★ 완성 1시간

◆ 친구들이 활동을 하는 데 걸린 시간입니다. 같은 시간을 나타내는 것끼리 이어 보세요.

28

시작한 시각 **2:20**
끝낸 시각 **5:20**

• • 1시간 • • 120분

29

시작한 시각 **1:50**
끝낸 시각 **3:50**

• • 2시간 • • 180분

30

시작한 시각 **4:10**
끝낸 시각 **5:10**

• • 3시간 • • 60분

4단원
27회

▶ 문해력

31 윤재는 9시 40분부터 축구를 시작하여 10시 40분에 끝냈습니다. 윤재가 축구를 한 시간은 몇 분일까요?

시작한 시각   끝낸 시각

풀이 9시 40분에서 10시 40분까지 긴바늘이 ☐바퀴 돌았으므로

☐시간이고, ☐시간＝☐분입니다.

답 윤재가 축구를 한 시간은 ☐분입니다.

1시간이 60분임을 이용하여 걸린 시간을 몇 분 또는 몇 시간 몇 분으로 나타낼 수 있습니다.

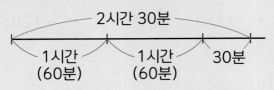

2시간 30분＝60분＋60분＋30분
＝150분

150분＝60분＋60분＋30분
＝2시간 30분

시간을 시간 띠에 나타내어 걸린 시간을 구할 수 있습니다.

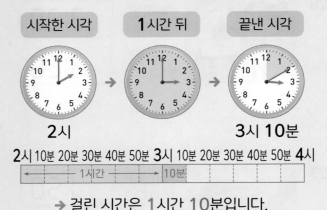

2시 10분 20분 30분 40분 50분 3시 10분 20분 30분 40분 50분 4시

→ 걸린 시간은 1시간 10분입니다.

◆ ☐ 안에 알맞은 수를 써넣으세요.

1 1시간 30분＝☐분＋30분

＝☐분

2 2시간 45분＝60분＋☐분＋45분

＝☐분

3 80분＝60분＋☐분

＝☐시간☐분

4 155분＝60분＋60분＋☐분

＝☐시간☐분

5 170분＝60분＋60분＋☐분

＝☐시간☐분

◆ 활동을 시작한 시각과 끝낸 시각을 나타낸 것입니다. 걸린 시간을 구하세요.

6

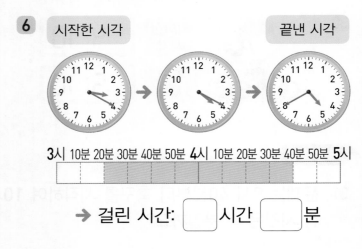

3시 10분 20분 30분 40분 50분 4시 10분 20분 30분 40분 50분 5시

→ 걸린 시간: ☐시간☐분

7

7시 10분 20분 30분 40분 50분 8시 10분 20분 30분 40분 50분 9시

→ 걸린 시간: ☐시간☐분

연습 걸린 시간

◆ ☐ 안에 알맞은 수를 써넣으세요.

8 ① 1시간 10분 = ☐ 분

　② 1시간 45분 = ☐ 분

9 ① 2시간 20분 = ☐ 분

　② 2시간 55분 = ☐ 분

10 ① 3시간 10분 = ☐ 분

　② 3시간 25분 = ☐ 분

11 ① 4시간 35분 = ☐ 분

　② 4시간 50분 = ☐ 분

12 ① 100분 = ☐ 시간 ☐ 분

　② 135분 = ☐ 시간 ☐ 분

13 ① 210분 = ☐ 시간 ☐ 분

　② 225분 = ☐ 시간 ☐ 분

14 ① 320분 = ☐ 시간 ☐ 분

　② 365분 = ☐ 시간 ☐ 분

◆ 두 시계를 보고 시간이 얼마나 흘렀는지 시간 띠에 색칠하고 구하세요.

15

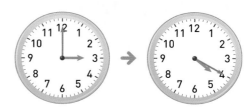

3시 10분 20분 30분 40분 50분 4시 10분 20분 30분 40분 50분 5시

☐ 시간 ☐ 분

16

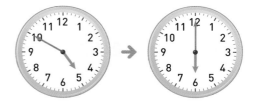

4시 10분 20분 30분 40분 50분 5시 10분 20분 30분 40분 50분 6시

☐ 시간 ☐ 분

17

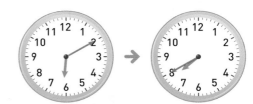

6시 10분 20분 30분 40분 50분 7시 10분 20분 30분 40분 50분 8시

☐ 시간 ☐ 분

18

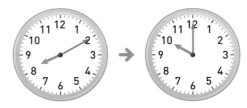

8시 10분 20분 30분 40분 50분 9시 10분 20분 30분 40분 50분 10시

☐ 시간 ☐ 분

4 단원

28회

◆ 시간이 다른 하나를 찾아 ✕표 하세요.

◆ 걸린 시간을 찾아 이어 보세요.

19

1시간 25분	125분	85분
( )	( )	( )

26

1:10～2:00 •	• 4시간
1:20～4:00 •	• 160분
1:30～5:30 •	• 50분

20

130분	90분	1시간 30분
( )	( )	( )

21

2시간	240분	120분
( )	( )	( )

27

2:20～3:40 •	• 100분
2:30～4:10 •	• 1시간 20분
2:40～3:40 •	• 60분

22

150분	2시간 30분	160분
( )	( )	( )

23

165분	2시간 45분	155분
( )	( )	( )

28

4:20～7:30 •	• 190분
4:30～6:20 •	• 1시간 10분
4:40～5:50 •	• 110분

24

4시간 10분	260분	250분
( )	( )	( )

25

175분	185분	3시간 5분
( )	( )	( )

29

9:00～10:20 •	• 3시간
9:30～11:20 •	• 80분
9:40～12:40 •	• 110분

◆ 출발 시각에서 사다리를 타고 내려간 곳에 걸린 시간이 쓰여 있습니다. 출발 시각과 걸린 시간을 보고 ☐ 안에 도착한 지역을 써넣으세요.

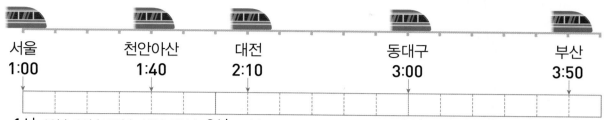

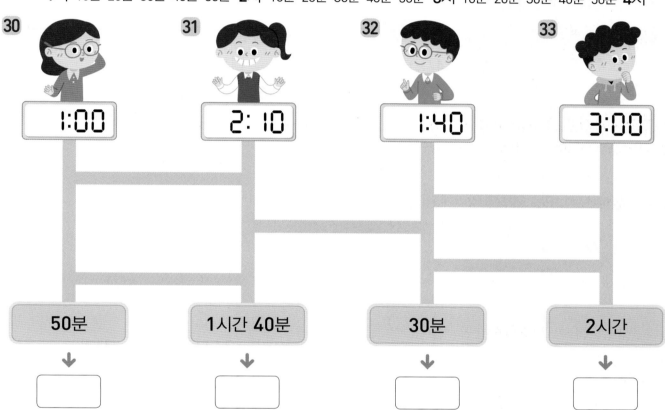

＋문해력

34 지효는 [4시]부터 [5시 35분]까지 영화를 보았습니다. 지효가 영화를 보는 데 걸린 시간은 몇 시간 몇 분일까요?

풀이 [4시] ⟶ **5시** ⟶ [5시 35분]
　　　　☐시간 후　　　☐분 후

답 지효가 영화를 보는 데 걸린 시간은 ☐시간 ☐분입니다.

오전은 전날 밤 12시부터 낮 12시까지입니다.
오후는 낮 12시부터 밤 12시까지입니다.

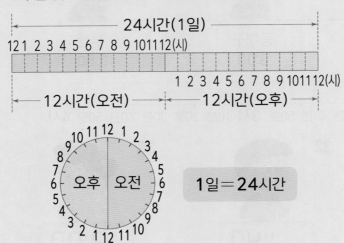

날과 시간의 관계를 알아봅니다.

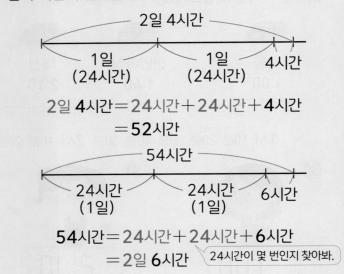

◆ ( ) 안에 오전 또는 오후를 알맞게 써넣으세요.

1 아침 **7**시 → ( )

2 낮 **1**시 → ( )

3 저녁 **8**시 → ( )

4 새벽 **3**시 → ( )

5 아침 **9**시 → ( )

6 낮 **2**시 → ( )

7 저녁 **7**시 → ( )

◆ ☐ 안에 알맞은 수를 써넣으세요.

8 1일 **4**시간 = ☐시간 + **4**시간

= ☐시간

9 2일 = 24시간 + ☐시간

= ☐시간

10 30시간 = 24시간 + ☐시간

= ☐일 ☐시간

11 42시간 = 24시간 + ☐시간

= ☐일 ☐시간

12 44시간 = 24시간 + ☐시간

= ☐일 ☐시간

연습 하루의 시간

실수 콕! 13~18번 문제

오전 **7**시 **30**분에 아침을 먹었습니다.
오후 **7**시 **30**분에 저녁을 먹었습니다.

> 친구들이 한 상황에 맞게 오전, 오후를 써야 해.

◆ ☐ 안에 오전 또는 오후를 알맞게 써넣으세요.

13
지한이는 ☐ **2**시 **10**분에 학교에서 나왔습니다.

14
경준이는 ☐ **4**시 **15**분에 박물관에 들어갔습니다.

15
하영이는 ☐ **9**시 **50**분에 보름달을 바라보았습니다.

16
정아는 ☐ **11**시 **55**분에 점심을 먹었습니다.

17
아인이는 ☐ **8**시 **30**분에 학교에 갔습니다.

18
준우는 ☐ **10**시 **30**분에 잠자리에 들었습니다.

◆ ☐ 안에 알맞은 수를 써넣으세요.

19 ① 1일 5시간 = ☐ 시간

② 1일 10시간 = ☐ 시간

20 ① 2일 8시간 = ☐ 시간

② 2일 12시간 = ☐ 시간

21 ① 3일 = ☐ 시간

② 3일 8시간 = ☐ 시간

22 ① 25시간 = ☐ 일 ☐ 시간

② 28시간 = ☐ 일 ☐ 시간

23 ① 33시간 = ☐ 일 ☐ 시간

② 38시간 = ☐ 일 ☐ 시간

24 ① 40시간 = ☐ 일 ☐ 시간

② 47시간 = ☐ 일 ☐ 시간

25 ① 50시간 = ☐ 일 ☐ 시간

② 57시간 = ☐ 일 ☐ 시간

◆ 같은 시간끼리 이어 보세요.

26

1일 8시간 ·

· 25시간

· 49시간

2일 1시간 ·

· 32시간

27

51시간 ·

· 2일 3시간

· 4일 3시간

64시간 ·

· 2일 16시간

28

2일 18시간 ·

· 41시간

· 30시간

1일 17시간 ·

· 66시간

29

36시간 ·

· 1일 7시간

· 1일 8시간

31시간 ·

· 1일 12시간

30

2일 10시간 ·

· 55시간

· 58시간

1일 11시간 ·

· 35시간

◆ 두 시계를 보고 시간이 얼마나 흘렀는지 시간 띠에 색칠하고 구하세요.

31

오전  오후

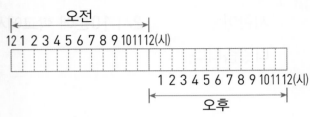

□ 시간

32

오전  오후

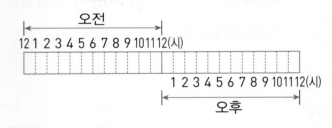

□ 시간

33

오전  오후

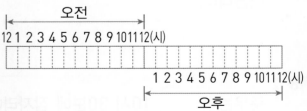

□ 시간

★ 완성 하루의 시간

◆ 계획표를 보고 빈칸에 알맞게 써넣으세요.

34

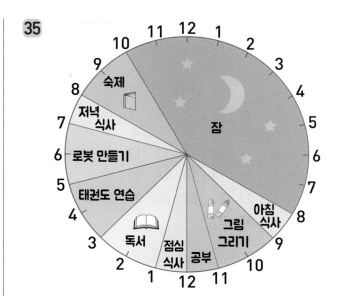

계획	시작 시각
아침 식사	오전 **7**시
종이접기	오전 **10**시
공부	
축구	
일기 쓰기	

35

계획	시작 시각
그림 그리기	
	오전 **11**시
로봇 만들기	
	오후 **8**시
잠	

+ 문해력

36 준성이는 아버지와 함께 [오전 **10**시]부터 [오후 **2**시]까지 등산을 했습니다. 준성이가 등산을 한 시간은 몇 시간일까요?

풀이 오전 ☐ 시 ──────→ 낮 **12**시 ──────→ 오후 ☐ 시
　　　　　　　　☐시간 후　　　　　　　☐시간 후

답 준성이가 등산을 한 시간은 ☐시간입니다.

달력에서 같은 요일이 7일마다 반복됩니다.

1주일 = 7일

10월

일	월	화	수	목	금	토
1	2	3	4	5	6	7
8	9	10	11	12	13	14
15	16	17	18	19	20	21
22	23	24	25	26	27	28
29	30	31				

+7일
+7일
+7일

같은 요일이 돌아오는 데 걸리는 기간을 1주일이라고 해.

1년은 1월부터 12월까지 있습니다.

2월만 28일(29일)!

위로 솟은 달은 31일, 아래로 들어간 달은 30일!

1년 = 12개월

월	1	2	3	4	5	6
날수 (일)	31	28 (29)	31	30	31	30

월	7	8	9	10	11	12
날수 (일)	31	31	30	31	30	31

◆ 달력을 보고 ☐ 안에 알맞은 수나 말을 써넣으세요.

7월

일	월	화	수	목	금	토
			1	2	3	4
5	6	7	8	9	10	11
12	13	14	15	16	17	18
19	20	21	22	23	24	25
26	27	28	29	30	31	

1 7월 31일은 ☐요일입니다.

2 화요일은 ☐번 있습니다.

3 목요일은 ☐번 있습니다.

4 토요일은 ☐일, ☐일, ☐일, ☐일입니다.

◆ 날수가 같은 달끼리 짝 지은 것에 ○표 하세요.

5

3월, 6월	4월, 11월
( )	( )

6

1월, 10월	2월, 12월
( )	( )

7

4월, 5월	7월, 8월
( )	( )

8

9월, 11월	6월, 8월
( )	( )

9

1월, 5월	3월, 9월
( )	( )

▲ 연습 달력

◆ ☐ 안에 알맞은 수를 써넣으세요.

10 1주일 4일 = ☐ 일 + 4일

= ☐ 일

11 2주일 = 7일 + ☐ 일

= ☐ 일

12 2주일 5일 = 7일 + ☐ 일 + 5일

= ☐ 일

13 10일 = 7일 + ☐ 일

= ☐ 주일 ☐ 일

14 21일 = 7일 + 7일 + ☐ 일

= ☐ 주일

15 25일 = 7일 + 7일 + 7일 + ☐ 일

= ☐ 주일 ☐ 일

16 2주일 3일 = ☐ 일

17 3주일 1일 = ☐ 일

18 35일 = ☐ 주일

19 40일 = ☐ 주일 ☐ 일

◆ ☐ 안에 알맞은 수를 써넣으세요.

20 1년 5개월 = ☐ 개월 + 5개월

= ☐ 개월

21 1년 10개월 = ☐ 개월 + 10개월

= ☐ 개월

22 2년 = 12개월 + ☐ 개월

= ☐ 개월

23 15개월 = 12개월 + ☐ 개월

= ☐ 년 ☐ 개월

24 20개월 = 12개월 + ☐ 개월

= ☐ 년 ☐ 개월

25 23개월 = 12개월 + ☐ 개월

= ☐ 년 ☐ 개월

26 1년 1개월 = ☐ 개월

27 2년 2개월 = ☐ 개월

28 21개월 = ☐ 년 ☐ 개월

29 30개월 = ☐ 년 ☐ 개월

4 단원

30 회

◆ 달력을 보고 알맞은 날짜에 표시해 보세요.

30

6월

일	월	화	수	목	금	토
1	2	3	4	5	6	7
8	9	10	11	12	13	14
15	16	17	18	19	20	21
22	23	24	25	26	27	28
29	30					

둘째 수요일에 ○표
넷째 화요일에 △표

31

8월

일	월	화	수	목	금	토
				1	2	3
4	5	6	7	8	9	10
11	12	13	14	15	16	17
18	19	20	21	22	23	24
25	26	27	28	29	30	31

첫째 토요일에 ○표
넷째 목요일에 △표

32

2월

일	월	화	수	목	금	토
				1	2	3
4	5	6	7	8	9	10
11	12	13	14	15	16	17
18	19	20	21	22	23	24
25	26	27	28			

2월 1일에서 일주일 후에 ○표
2월 28일에서 일주일 전에 △표

◆ 달력을 완성하고 ☐ 안에 알맞은 말을 써넣으세요.

33

1월

일	월	화	수	목	금	토
			1	2	3	4
5	6	7	8	9	10	11
12	13	14	15	16	17	18
19	20	21	22	23	24	25
26	27					

2월 1일: ☐ 요일

34

9월

일	월	화	수	목	금	토
	1	2	3	4	5	6
7	8	9	10	11	12	13
14	15	16	17	18	19	20
21	22	23				
28						

10월 1일: ☐ 요일

35

4월

일	월	화	수	목	금	토
		1	2	3	4	5
6	7	8	9	10	11	12
13	14	15	16	17	18	19
20	21					
27						

5월 1일: ☐ 요일

★ 완성 달력

◆ 어느 해 11월 달력입니다. 달력에 생일인 친구의 이름을 쓰세요.

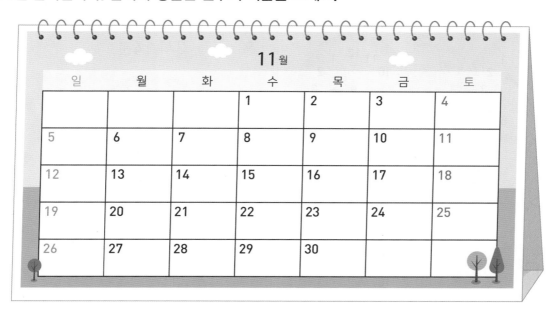

일	월	화	수	목	금	토
			1	2	3	4
5	6	7	8	9	10	11
12	13	14	15	16	17	18
19	20	21	22	23	24	25
26	27	28	29	30		

36 수지 생일은 11월 8일이야.

37 경수 생일은 수지 생일 2주일 후야.

38 민주 생일은 넷째 토요일이야.

39  현지 생일은 11월 17일이야.

40 수호 생일은 현지 생일 일주일 전이야.

41  영주 생일은 넷째 목요일이야.

＋문해력

42 현서네 가족은 [15일] 동안 해외여행을 다녀왔습니다. 현서네 가족이 해외여행을 다녀온 기간은 몇 주일 며칠일까요?

풀이 ☐일 ➔ 7일＋7일＋☐일 ➔ ☐주일 ☐일

답 해외여행을 다녀온 기간은 ☐주일 ☐일입니다.

◆ 시각을 쓰세요.

1 ①  ②

 시 분 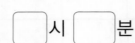 시 분

2 ① 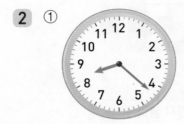 ②

 시 분 시 분

3

 시 분
 시 분 전

4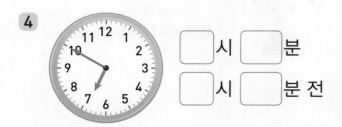

 시 분
 시 분 전

5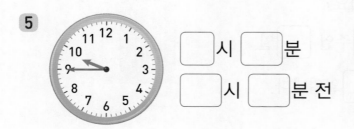

 시 분
 시 분 전

◆ 시각에 알맞게 긴바늘을 그려 넣으세요.

6 ① 3시 14분 ② 4시 28분

7 ① 5시 45분 ② 6시 10분

8 ① 7시 25분 ② 8시 35분

9 ① 9시 40분 ② 10시 9분

10 ① 11시 15분 ② 12시 24분

◆ ☐ 안에 알맞은 수를 써넣으세요.

11 ① 2시간 10분 = ☐ 분

② 2시간 45분 = ☐ 분

12 ① 4시간 30분 = ☐ 분

② 4시간 15분 = ☐ 분

13 ① 110분 = ☐ 시간 ☐ 분

② 175분 = ☐ 시간 ☐ 분

14 ① 200분 = ☐ 시간 ☐ 분

② 245분 = ☐ 시간 ☐ 분

15 ① 330분 = ☐ 시간 ☐ 분

② 315분 = ☐ 시간 ☐ 분

16 ① 2일 4시간 = ☐ 시간

② 2일 15시간 = ☐ 시간

17 ① 3일 3시간 = ☐ 시간

② 3일 10시간 = ☐ 시간

◆ ☐ 안에 알맞은 수를 써넣으세요.

18 ① 31시간 = ☐ 일 ☐ 시간

② 36시간 = ☐ 일 ☐ 시간

19 ① 55시간 = ☐ 일 ☐ 시간

② 58시간 = ☐ 일 ☐ 시간

20 ① 2주일 1일 = ☐ 일

② 2주일 4일 = ☐ 일

21 ① 22일 = ☐ 주일 ☐ 일

② 29일 = ☐ 주일 ☐ 일

22 ① 1년 7개월 = ☐ 개월

② 1년 11개월 = ☐ 개월

23 ① 13개월 = ☐ 년 ☐ 개월

② 18개월 = ☐ 년 ☐ 개월

24 ① 31개월 = ☐ 년 ☐ 개월

② 39개월 = ☐ 년 ☐ 개월

4^{단원}

31회

◆ 시계를 보고 ☐ 안에 알맞은 수를 써넣으세요.

1

수아는 ☐시 ☐분에 발레 연습을 시작하였습니다.

2

예지네 가족은 ☐시 ☐분 전에 공연장에 도착하였습니다.

3

은호는 ☐시 ☐분 전에 농구를 시작하였습니다.

◆ 걸린 시간을 찾아 이어 보세요.

4

1:00~3:00 ·   · 2시간 30분

1:15~3:30 ·   · 135분

1:30~4:00 ·   · 2시간

5

1:45~4:30 ·   · 3시간

2:00~5:00 ·   · 2시간 45분

2:15~5:30 ·   · 195분

6

3:30~6:00 ·   · 150분

2:45~6:30 ·   · 4시간

3:00~7:00 ·   · 3시간 45분

7

4:00~9:00 ·   · 5시간 30분

4:15~9:30 ·   · 315분

4:30~10:00 ·   · 5시간

◆ 두 시계를 보고 시간이 얼마나 흘렀는지 시간 띠에 색칠하고 구하세요.

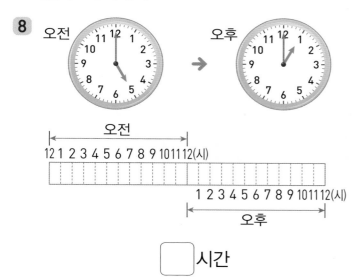

8

$\boxed{}$ 시간

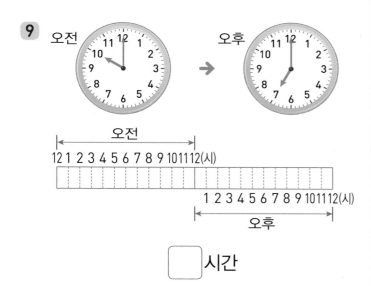

9

$\boxed{}$ 시간

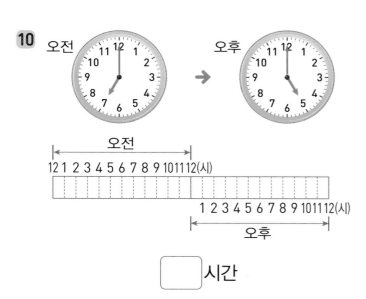

10

$\boxed{}$ 시간

◆ 달력을 보고 알맞은 날짜에 표시해 보세요.

11

2월

일	월	화	수	목	금	토
1	2	3	4	5	6	7
8	9	10	11	12	13	14
15	16	17	18	19	20	21
22	23	24	25	26	27	28

첫째 목요일에 ○표

넷째 수요일에 △표

12

7월

일	월	화	수	목	금	토
			1	2	3	4
5	6	7	8	9	10	11
12	13	14	15	16	17	18
19	20	21	22	23	24	25
26	27	28	29	30	31	

셋째 토요일에 ○표

다섯째 금요일에 △표

13

12월

일	월	화	수	목	금	토
		1	2	3	4	5
6	7	8	9	10	11	12
13	14	15	16	17	18	19
20	21	22	23	24	25	26
27	28	29	30	31		

12월 25일에서 일주일 전에 ○표

12월 14일에서 일주일 후에 △표

4단원

32회

5 표와 그래프

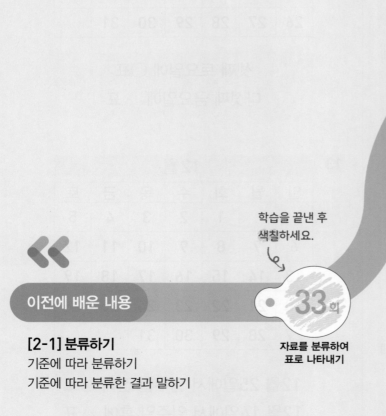

34회
그래프로
나타내기

학습을 끝낸 후
색칠하세요.

33회
자료를 분류하여
표로 나타내기

이전에 배운 내용

[2-1] 분류하기
기준에 따라 분류하기
기준에 따라 분류한 결과 말하기

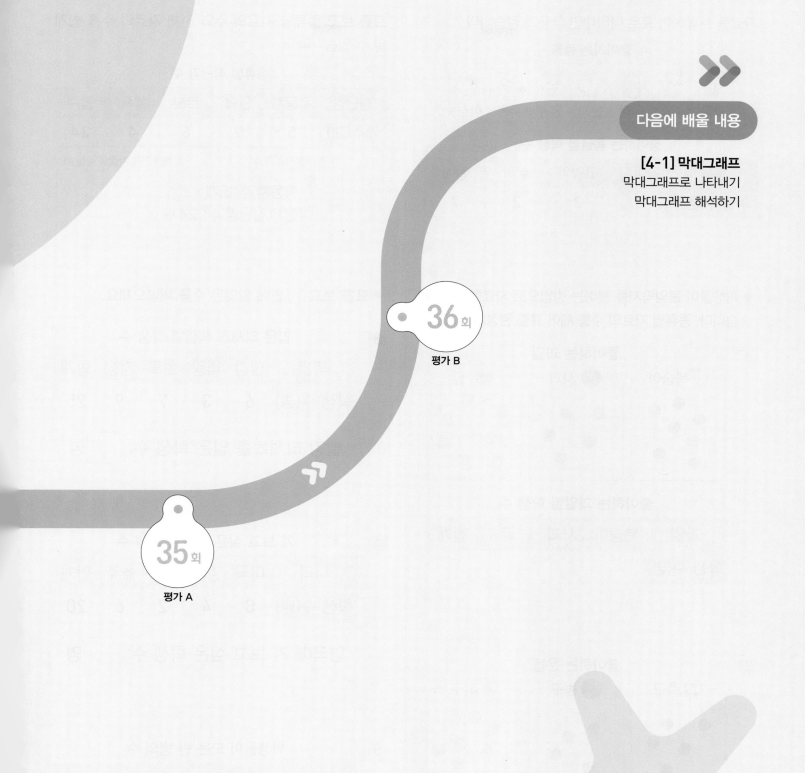

다음에 배울 내용

[4-1] 막대그래프
막대그래프로 나타내기
막대그래프 해석하기

36회
평가 B

35회
평가 A

자료를 분류하여 표로 나타내면 다음과 같습니다.

좋아하는 동물

| | 보은 | 준서 | 다정 | 은지 | 민규 | 주원 | 하정 |

↳ /, ×와 같이 표시하면서 세어 봐.

좋아하는 동물별 학생 수

동물	강아지	고양이	토끼	합계
학생 수(명)	3	2	2	7

표를 보고 종류별 자료의 수와 전체 자료의 수를 쉽게 알 수 있습니다.

종류별 장난감 수

장난감	자동차	인형	로봇	블록	합계
개수(개)	5	9	6	4	24

종류별 자료의 수   합계에 전체 자료의 수를 써.

┌ 자동차 수: 5개
└ 전체 장난감 수: 24개

◆ 학생들이 붙임딱지를 붙이는 방법으로 자료를 조사했습니다. 종류별 자료의 수를 세어 표를 완성해 보세요.

1 **좋아하는 과일**

복숭아   사과   귤

좋아하는 과일별 학생 수

과일	복숭아	사과	귤	합계
학생 수(명)				

2 **좋아하는 운동**

⚽축구   🏀농구   ⚾야구

좋아하는 운동별 학생 수

운동	축구	농구	야구	합계
학생 수(명)				

◆ 표를 보고 ◯ 안에 알맞은 수를 써넣으세요.

3 **입은 티셔츠 색깔별 학생 수**

색깔	빨강	파랑	초록	검정	합계
학생 수(명)	6	3	7	9	25

빨강 티셔츠를 입은 학생 수: ◯명

4 **가 보고 싶은 나라별 학생 수**

나라	미국	영국	스위스	호주	합계
학생 수(명)	8	4	2	6	20

영국에 가 보고 싶은 학생 수: ◯명

5 **학생들이 모은 빈 병의 수**

이름	민서	주휘	영지	다율	합계
빈 병의 수(개)	8	5	7	4	24

영지가 모은 빈 병의 수: ◯개

◆ 자료를 보고 표를 완성해 보세요.

6 　좋아하는 곤충

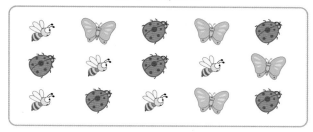

좋아하는 곤충별 학생 수

곤충	꿀벌	나비	무당벌레	합계
학생 수(명)				

7 　가고 싶은 체험 학습 장소

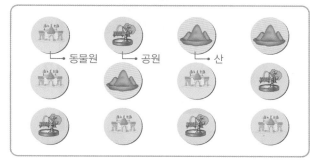

가고 싶은 체험 학습 장소별 학생 수

장소	동물원	공원	산	합계
학생 수(명)				

8 　좋아하는 채소

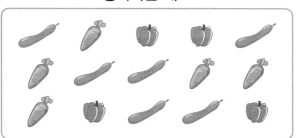

좋아하는 채소별 학생 수

채소	오이	당근	피망	합계
학생 수(명)				

◆ 표를 보고 ◯ 안에 알맞은 말을 써넣으세요.

9 　좋아하는 호빵 종류별 학생 수

종류	팥	야채	피자	고구마	합계
학생 수(명)	3	2	6	5	16

가장 많은 학생들이 좋아하는 호빵:

◯ 호빵

10 　장래 희망별 학생 수

장래 희망	가수	운동선수	의사	경찰	합계
학생 수(명)	7	5	4	6	22

가장 많은 학생들의 장래 희망:

◯

11 　좋아하는 주스별 학생 수

주스	딸기	포도	사과	망고	합계
학생 수(명)	4	8	3	5	20

가장 많은 학생들이 좋아하는 주스:

◯ 주스

12 　여름 방학 때 가고 싶은 장소별 학생 수

장소	수영장	바다	계곡	캠핑장	합계
학생 수(명)	6	3	5	9	23

가장 많은 학생들이 가고 싶은 장소:

◯

적용 자료를 분류하여 표로 나타내기

◆ 모양 조각으로 만든 모양을 보고 표를 완성해 보세요.

13

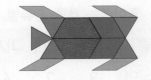

사용한 조각 수

조각	▲	▰	◇	▱	합계
조각 수 (개)					

14

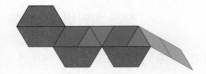

사용한 조각 수

조각	▲	▰	◇	▱	합계
조각 수 (개)					

15

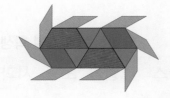

사용한 조각 수

조각	▲	▰	◇	▱	합계
조각 수 (개)					

16

사용한 조각 수

조각	▲	▰	◇	▱	합계
조각 수 (개)					

◆ 표의 빈칸에 알맞은 수를 써넣으세요.

17 신발장에 있는 종류별 신발 수

종류	슬리퍼	구두	운동화	샌들	합계
신발 수 (켤레)	3	2	6	5	

18 은우네 반 성씨별 학생 수

성씨	김씨	박씨	이씨	최씨	합계
학생 수(명)	11		9	3	30

19 먹고 싶은 도시락별 학생 수

도시락	김밥	주먹밥	볶음밥	초밥	합계
학생 수(명)	9	3		12	26

20 독서 퀴즈 대회 예선을 통과한 반별 학생 수

반	1반	2반	3반	4반	합계
학생 수(명)	4	3	8		20

21 생일에 받고 싶은 선물별 학생 수

선물	가방	책	옷	인형	합계
학생 수(명)	8	7	6	14	

22 혈액형별 학생 수

혈액형	A형	B형	O형	AB형	합계
학생 수(명)		6	5	3	24

★ **완성** 자료를 분류하여 표로 나타내기

◆ 동물 수를 표로 나타낸 것입니다. 표의 빈칸에 알맞은 수를 써넣고, 가장 많은 동물을 찾아 ○표 하세요.

23

동물 수

동물	기린	얼룩말	홍학	합계
동물 수(마리)		3	5	12

→ 가장 많은 동물: (기린 , 얼룩말 , 홍학)

24

동물 수

동물	공작새	사슴	독수리	합계
동물 수(마리)	3	5		10

→ 가장 많은 동물: (공작새 , 사슴 , 독수리)

25

동물 수

동물	코끼리	미어캣	하마	합계
동물 수(마리)	2		4	11

→ 가장 많은 동물: (코끼리 , 미어캣 , 하마)

+ 문해력

26 지영이의 옷장에 있는 옷입니다. 지영이의 옷장에 가장 많은 옷은 무엇일까요?

풀이

지영이의 옷장에 있는 옷별 수

옷	티셔츠	바지	치마	합계
옷 수(벌)				

→ 가장 많은 옷: [ ]

답 지영이의 옷장에 가장 많은 옷은 [ ]입니다.

개념 그래프로 나타내기

표를 보고 그래프의 가로에 곤충, 세로에 곤충 수를 나타낼 수 있습니다.

동일이가 잡은 곤충 수

곤충	잠자리	매미	나비	메뚜기	합계
곤충 수(마리)	2	4	1	3	10

동일이가 잡은 곤충 수

곤충 수(마리) / 곤충	잠자리	매미	나비	메뚜기
4		○		
3		○		○
2	○	○		○
1	○	○	○	○

가로: 곤충
세로: 곤충 수

가장 많이 잡은 곤충   가장 적게 잡은 곤충

표를 보고 그래프의 가로에 학생 수, 세로에 분식을 나타낼 수 있습니다.

좋아하는 분식

분식	김밥	떡볶이	순대	어묵	합계
학생 수(명)	3	4	2	1	10

좋아하는 분식별 학생 수

분식 / 학생 수(명)	1	2	3	4
어묵	○			
순대	○	○		
떡볶이	○	○	○	○
김밥	○	○	○	

가로: 학생 수
세로: 분식

가로에 학생 수가 올 때는 ○를 왼쪽에서 오른쪽으로 표시해.

◆ 그래프를 보고 ☐ 안에 알맞게 써넣으세요.

좋아하는 색깔별 학생 수

학생 수(명) / 색깔	빨강	노랑	초록	파랑
4			○	
3		○	○	○
2	○	○	○	○
1	○	○	○	○

1 그래프의 가로에는 ☐ 을 나타냈습니다.

2 그래프의 세로에는 ☐ 를 나타냈습니다.

3 빨강을 좋아하는 학생 수: ☐ 명

◆ 그래프를 보고 ☐ 안에 알맞게 써넣으세요.

태어난 계절별 학생 수

계절 / 학생 수(명)	1	2	3	4	5
겨울	○	○	○	○	○
가을	○	○	○		
여름	○	○	○	○	
봄	○	○	○	○	○

4 그래프의 가로에는 ☐ 를 나타냈습니다.

5 그래프의 세로에는 ☐ 을 나타냈습니다.

6 봄에 태어난 학생 수: ☐ 명

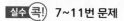

실수 콕! 7~11번 문제

○를 표시할 때 빈칸 없이 채워야 하니까 조심!

◆ 표를 보고 ○를 이용하여 그래프로 나타내세요.

7 학생별 넣은 골 수

이름	준영	윤기	효성	민태	합계
골 수(골)	2	5	3	4	14

학생별 넣은 골 수

5				
4				
3				
2				
1				
골 수(골) \ 이름	준영	윤기	효성	민태

8 배우고 싶은 외국어별 학생 수

외국어	영어	중국어	일본어	스페인어	합계
학생 수(명)	3	6	2	5	16

배우고 싶은 외국어별 학생 수

6				
5				
4				
3				
2				
1				
학생 수(명) \ 외국어	영어	중국어	일본어	스페인어

◆ 표를 보고 ○를 이용하여 그래프로 나타내세요.

9 좋아하는 텔레비전 프로그램별 학생 수

프로그램	드라마	만화	예능	합계
학생 수(명)	3	5	2	10

좋아하는 텔레비전 프로그램별 학생 수

예능					
만화					
드라마					
프로그램 \ 학생 수(명)	1	2	3	4	5

10 취미별 학생 수

취미	독서	미술	운동	합계
학생 수(명)	2	4	5	11

취미별 학생 수

운동					
미술					
독서					
취미 \ 학생 수(명)	1	2	3	4	5

11 배우고 있는 악기별 학생 수

악기	피아노	바이올린	플루트	합계
학생 수(명)	5	4	3	12

배우고 있는 악기별 학생 수

플루트					
바이올린					
피아노					
악기 \ 학생 수(명)	1	2	3	4	5

5 단원

34회

◆ 자료를 보고 표와 그래프로 나타내세요.

12 오늘 마신 음료

사이다 → 콜라

현수	도윤	건준	은우	지호
선우	우주	유준	서아	나은

오늘 마신 음료별 학생 수

음료	우유	사이다	주스	콜라	합계
학생 수(명)					

오늘 마신 음료별 학생 수

4				
3				
2				
1				
학생 수(명) / 음료	우유	사이다	주스	콜라

13 종이접기로 만든 모양

진희	주은	명선	경수	수진
민경	아인	리아	지수	주민

종이접기로 만든 모양별 학생 수

모양	학	배	비행기	합계
학생 수(명)				

종이접기로 만든 모양별 학생 수

비행기					
배					
학					
모양 / 학생 수(명)	1	2	3	4	5

◆ 그래프를 보고 가장 많은 학생들이 좋아하는 것을 쓰세요.

14 좋아하는 악기별 학생 수

5	○			
4	○	○		○
3	○	○		○
2	○	○	○	○
1	○	○	○	○
학생 수(명) / 악기	리코더	소고	피아노	탬버린

( )

15 좋아하는 전통 놀이별 학생 수

5		○		
4		○		○
3	○	○		○
2	○	○		○
1	○	○	○	○
학생 수(명) / 전통 놀이	투호 놀이	제기 차기	공기 놀이	비사 치기

( )

16 좋아하는 운동별 학생 수

태권도	○	○	○	○	
피구	○	○			
달리기	○				
줄넘기	○	○	○	○	○
축구	○	○	○		
운동 / 학생 수(명)	1	2	3	4	5

( )

★ 완성 그래프로 나타내기

◆ 냉장고에 있는 과일 중 가장 많은 과일과 가장 적은 과일을 사용하여 케이크를 만들었습니다. 만든 케이크를 찾아 이어 보세요.

17 냉장고에 있는 과일별 개수

과일 수(개) / 과일	딸기	키위	포도	망고
7		○		
6		○		
5		○	○	
4	○	○	○	
3	○	○	○	
2	○	○	○	○
1	○	○	○	○

18 냉장고에 있는 과일별 개수

과일 수(개) / 과일	딸기	키위	포도	망고
7			○	
6	○		○	
5	○		○	○
4	○		○	○
3	○	○	○	○
2	○	○	○	○
1	○	○	○	○

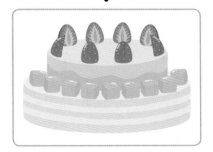

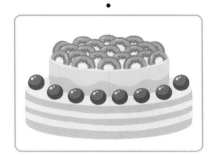

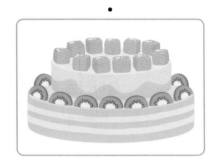

+문해력

19 지각생 수를 요일별로 조사하여 그래프로 나타냈습니다. 월요일의 지각생 수는 목요일의 지각생 수보다 몇 명 더 많을까요?

요일별 지각생 수

지각생 수(명) / 요일	월	화	수	목	금
4	/				/
3	/		/	/	
2	/	/	/	/	
1	/	/	/	/	/

풀이 (월요일의 지각생 수)

－(목요일의 지각생 수)

= ☐ － ☐ = ☐

답 월요일의 지각생 수는 목요일의 지각생 수보다 ☐ 명 더 많습니다.

◆ 자료를 보고 표를 완성해 보세요.

1 좋아하는 꽃

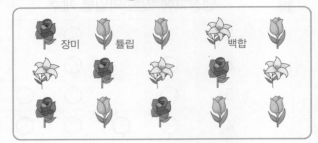

좋아하는 꽃별 학생 수

꽃	장미	튤립	백합	합계
학생 수(명)				

2 좋아하는 음식

좋아하는 음식별 학생 수

음식	떡볶이	치킨	라면	피자	합계
학생 수(명)					

3 간식 통에 있는 젤리

간식 통에 있는 색깔별 젤리 수

색깔	빨강	주황	노랑	초록	합계
젤리 수(개)					

◆ 표를 보고 가장 많은 학생들이 좋아하는 것을 쓰세요.

4 좋아하는 책별 학생 수

책	동화책	시집	과학책	위인전	합계
학생 수(명)	9	5	7	3	24

( )

5 좋아하는 새별 학생 수

새	참새	앵무새	독수리	올빼미	합계
학생 수(명)	6	7	8	2	23

( )

6 좋아하는 붕어빵 종류별 학생 수

종류	팥	슈크림	고구마	치즈	합계
학생 수(명)	8	9	5	4	26

( )

7 좋아하는 간식별 학생 수

간식	과자	사탕	초콜릿	젤리	합계
학생 수(명)	7	5	3	6	21

( )

8 좋아하는 떡 종류별 학생 수

떡	송편	인절미	꿀떡	찹쌀떡	합계
학생 수(명)	4	6	3	9	22

( )

◆ 표를 보고 ○를 이용하여 그래프로 나타내세요.

9 배우고 있는 운동별 학생 수

운동	축구	수영	줄넘기	태권도	합계
학생 수(명)	4	7	2	5	18

배우고 있는 운동별 학생 수

7				
6				
5				
4				
3				
2				
1				
학생 수(명) / 운동	축구	수영	줄넘기	태권도

10 좋아하는 학예회 공연별 학생 수

공연	무용	연주	마술	노래	합계
학생 수(명)	6	3	4	7	20

좋아하는 학예회 공연별 학생 수

7				
6				
5				
4				
3				
2				
1				
학생 수(명) / 공연	무용	연주	마술	노래

◆ 표를 보고 ○를 이용하여 그래프로 나타내세요.

11 월별 비가 온 날수

월	9월	10월	11월	합계
날수(일)	5	3	1	9

월별 비가 온 날수

11월					
10월					
9월					
월 / 날수(일)	1	2	3	4	5

12 종류별 학용품 수

학용품	가위	풀	자	합계
학용품 수(개)	5	2	4	11

종류별 학용품 수

자					
풀					
가위					
학용품 / 학용품 수(개)	1	2	3	4	5

13 학생별 일주일 동안 읽은 책 수

이름	지원	현우	수재	합계
책 수(권)	2	5	3	10

학생별 일주일 동안 읽은 책 수

수재					
현우					
지원					
이름 / 책 수(권)	1	2	3	4	5

◆ 모양 조각으로 만든 모양을 보고 표를 완성해 보세요.

1

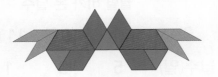

사용한 조각 수

조각	▲	◆	◇	⬡	합계
조각 수 (개)					

2

사용한 조각 수

조각	▲	◆	◇	⬡	합계
조각 수 (개)					

3

사용한 조각 수

조각	▲	◆	◇	⬡	합계
조각 수 (개)					

4

사용한 조각 수

조각	▲	◆	◇	⬡	합계
조각 수 (개)					

◆ 표의 빈칸에 알맞은 수를 써넣으세요.

5

12월의 날씨별 날수

날씨	맑음	흐림	비	눈	합계
날수 (일)	8	11		4	31

6

좋아하는 김밥별 학생 수

김밥	김치	멸치	참치	치즈	합계
학생 수(명)	9		3	11	30

7

살고 있는 마을별 학생 수

마을	하늘	숲속	달빛	별빛	합계
학생 수(명)		3	6	4	15

8

싫어하는 채소별 학생 수

채소	당근	양파	연근	호박	합계
학생 수(명)	9	4	7		23

9

반별 학생 수

반	1반	2반	3반	4반	합계
학생 수(명)	18	20	21	18	

◆ 자료를 보고 표와 그래프로 나타내세요.

10 좋아하는 모양

♥ 소희	★ 경진	△ 지원	★ 민아	△ 서준	▢ 하연
△ 도하	★ 수아	♥ 시윤	△ 아린	★ 지안	▢ 주호

좋아하는 모양별 학생 수

모양	♥	★	△	▢	합계
학생 수(명)					

좋아하는 모양별 학생 수

4				
3				
2				
1				
학생 수(명) / 모양	♥	★	△	▢

11 좋아하는 우유

우유 하윤	우유 이준	우유 성준	우유 지아	우유 연우	우유 다인
우유 도현	우유 예서	우유 준서	우유 민재	우유 채아	우유 은호

좋아하는 우유 맛별 학생 수

맛	초콜릿 맛	바나나 맛	딸기 맛	합계
학생 수(명)				

좋아하는 우유 맛별 학생 수

딸기 맛					
바나나 맛					
초콜릿 맛					
맛 / 학생 수(명)	1	2	3	4	5

◆ 그래프를 보고 가장 많은 학생들이 좋아하는 것을 쓰세요.

12 좋아하는 산별 학생 수

5			○	
4	○		○	
3	○	○	○	
2	○	○	○	○
1	○	○	○	○
학생 수(명) / 산	한라산	백두산	설악산	지리산

( )

13 좋아하는 장소별 학생 수

5		○		
4		○	○	
3	○	○	○	○
2	○	○	○	○
1	○	○	○	○
학생 수(명) / 장소	체육관	급식실	도서실	컴퓨터실

( )

14 좋아하는 놀이기구별 학생 수

미끄럼틀	○	○	○		
그네	○	○	○	○	○
시소	○	○	○	○	
놀이기구 / 학생 수(명)	1	2	3	4	5

( )

6 규칙 찾기

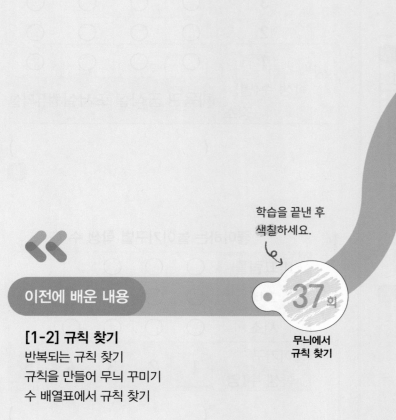

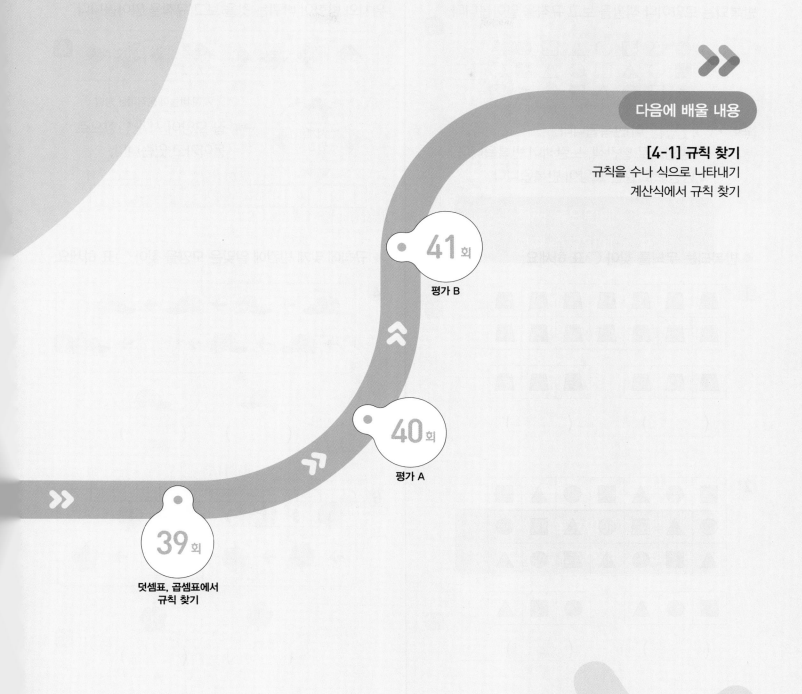

반복되는 모양이나 색깔을 보고 규칙을 알아봅니다.

규칙
• ◯, △, ☐이 반복됩니다.
• → 방향으로 빨간색, 노란색이 반복됩니다.
• ↘ 방향으로 같은 모양이 반복됩니다.

위치와 방향이 바뀌는 것을 보고 규칙을 알아봅니다.

시계 바늘이 움직이는 방향
규칙 집 모양이 시계 방향으로 돌아가고 있습니다.

◆ 반복되는 무늬를 찾아 ◯표 하세요.

1

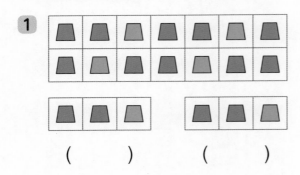

( ) ( )

2

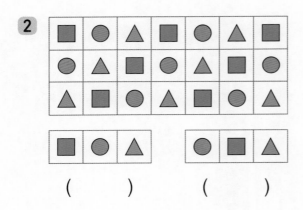

( ) ( )

3

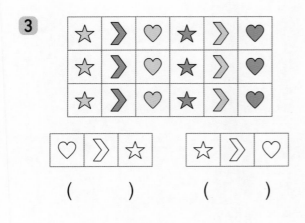

( ) ( )

◆ 규칙에 맞게 빈칸에 알맞은 모양을 찾아 ◯표 하세요.

4

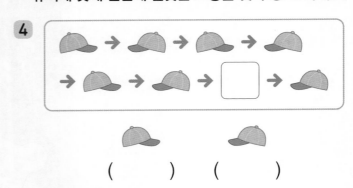

( ) ( )

5

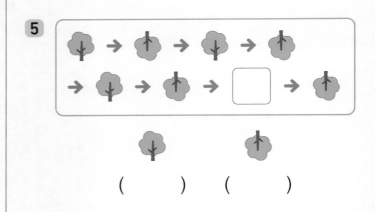

( ) ( )

6

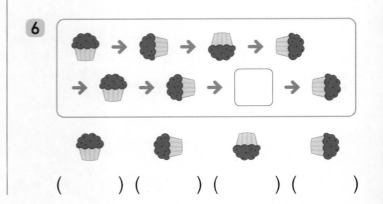

( ) ( ) ( ) ( )

연습   무늬에서 규칙 찾기

◆ 규칙을 찾아 빈칸에 알맞은 모양을 그리고 색칠해 보세요.

7
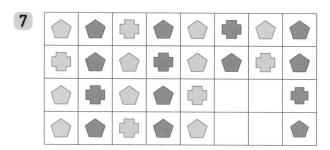

8
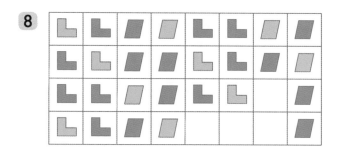

9

10

11

12

13

◆ 규칙을 찾아 마지막 모양에 알맞게 색칠해 보세요.

14
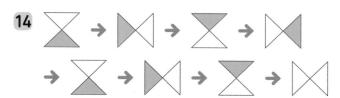

15
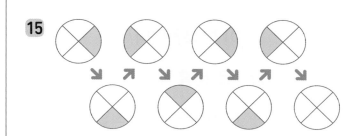

16

17
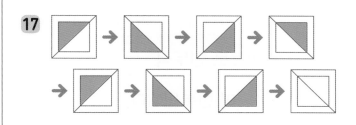

18
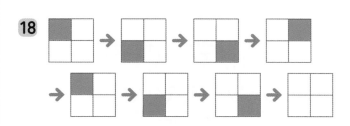

19
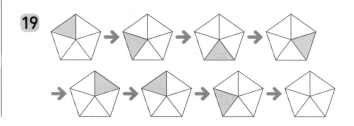

6
단원

37회

◆ 규칙을 찾아 ☐ 안에 알맞은 말 또는 모양을 써넣으세요.

20

① ◇, ☐ 이 반복됩니다.

② → 방향으로 분홍색, ☐ ,

☐ 이 반복되는 규칙입니다.

21

① ○, ☐ , ☐ , ☐ 이 반복됩니다.

② → 방향으로 연두색, ☐ ,

☐ 이 반복됩니다.

22

① ▽, ☐ , ☐ 이 반복됩니다.

② ↓ 방향으로 주황색, ☐ ,

☐ 이 반복됩니다.

◆ 규칙을 찾아 마지막 모양에 ●을 알맞게 그려 보세요.

23

24

25

26

27

★ 완성 무늬에서 규칙 찾기

◆ 여러 가지 동작으로 반복되는 규칙을 만드는 놀이를 하고 있습니다. 빈칸에 알맞은 동작에 ◯표 하세요.

28

29

30

+ 문해력

31 한글 자석을 규칙에 따라 놓았습니다. 빈칸에 들어갈 한글 자석은 어떤 한글 자석인가요?

ㄱ	ㄴ	ㄴ	ㄱ	ㄴ	ㄴ	ㄱ
ㄴ	ㄴ	ㄴ	ㄱ	ㄴ	ㄴ	ㄴ

풀이 모양은 ☐, ☐, ☐ 이 반복되고, 색깔은 빨간색과 ☐ 색이 반복됩니다.

빈칸에 들어갈 한글 자석은 ☐ 모양의 ☐ 색 한글 자석입니다.

답 빈칸에 들어갈 한글 자석은 (ㄱ , ㄱ , ㄴ , ㄴ)입니다.

쌓기나무를 쌓은 모양에서 쌓기나무의 수가 몇 개씩 반복되고 있는지 알아봅니다.

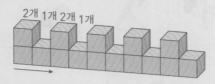

2개 1개 2개 1개

규칙 쌓기나무의 수가 왼쪽에서 오른쪽으로 2개, 1개씩 반복됩니다.

쌓은 모양을 보고 쌓기나무가 어느 방향으로 몇 개씩 늘어나는지(줄어드는지) 알아봅니다.

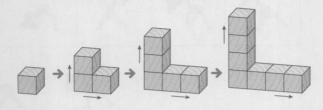

규칙 쌓기나무가 오른쪽으로 1개씩, 위로 1개씩 늘어납니다.

◆ 규칙에 따라 쌓기나무를 쌓았습니다. ☐ 안에 알맞은 수를 써넣으세요.

1

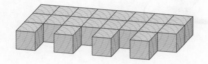

쌓기나무의 수가 왼쪽에서 오른쪽으로

☐개, ☐개씩 반복됩니다.

2

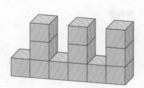

쌓기나무의 수가 왼쪽에서 오른쪽으로

☐개, ☐개씩 반복됩니다.

3

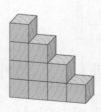

쌓기나무가 왼쪽에서 오른쪽으로 갈수록

☐층씩 줄어듭니다.

◆ 규칙에 따라 쌓기나무를 쌓았습니다. ☐ 안에 알맞은 수를 써넣으세요.

4

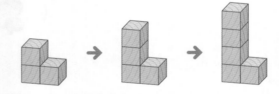

쌓기나무가 위로 ☐개씩 늘어납니다.

5

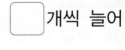

쌓기나무가 오른쪽으로 ☐개씩 늘어납니다.

6

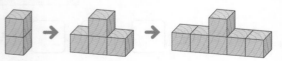

쌓기나무가 왼쪽으로 ☐개씩, 오른쪽으로 ☐개씩 늘어납니다.

연습 **쌓은 모양에서 규칙 찾기**

◆ 주어진 규칙에 따라 쌓은 모양에 ○표 하세요.

7 쌓기나무의 수가 왼쪽에서 오른쪽으로 **2**개, **3**개씩 반복됩니다.

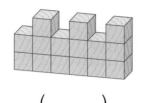   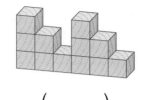

(   )   (   )

8 쌓기나무의 수가 왼쪽에서 오른쪽으로 **2**개, **1**개, **1**개씩 반복됩니다.

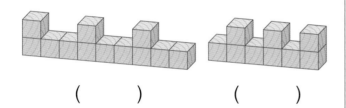

(   )   (   )

9 쌓기나무의 수가 위로 **1**개씩 줄어듭니다.

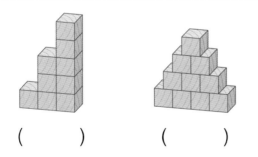

(   )   (   )

10 쌓기나무의 수가 왼쪽에서 오른쪽으로 **1**개씩 늘어납니다.

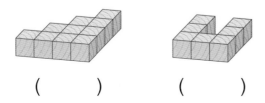

(   )   (   )

◆ 규칙에 따라 쌓기나무를 쌓았습니다. 다음에 이어질 모양에 ○표 하세요.

11

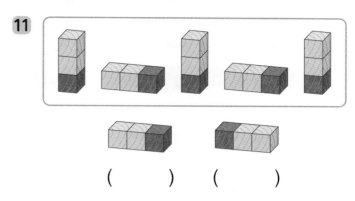

(   )   (   )

12

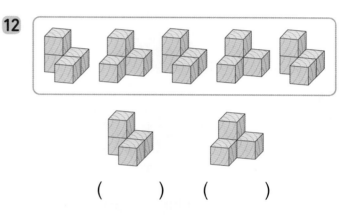

(   )   (   )

13

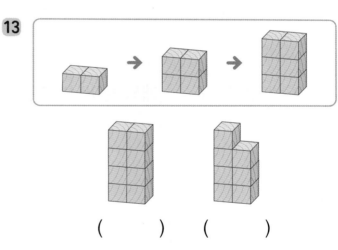

(   )   (   )

14

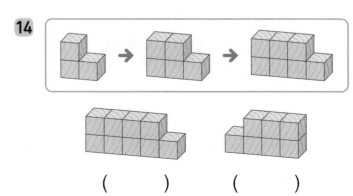

(   )   (   )

6단원
38회

◆ 표를 완성하고, ☐ 안에 알맞은 수를 써넣으세요.

15

첫째 → 둘째 → 셋째

순서	첫째	둘째	셋째
쌓기나무의 수(개)			

→ 쌓기나무가 ☐ 개씩 늘어납니다.

16

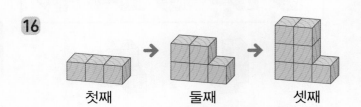

첫째 → 둘째 → 셋째

순서	첫째	둘째	셋째
쌓기나무의 수(개)			

→ 쌓기나무가 ☐ 개씩 늘어납니다.

17

첫째 → 둘째 → 셋째

순서	첫째	둘째	셋째
쌓기나무의 수(개)			

→ 쌓기나무가 ☐ 개, ☐ 개, ... 늘어납니다.

◆ 규칙에 따라 쌓기나무를 쌓았습니다. 다음에 이어질 모양을 쌓으려면 쌓기나무가 몇 개 필요한지 구하세요.

18

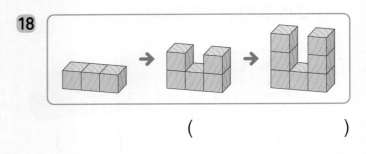

( )

19

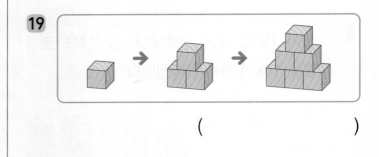

( )

20

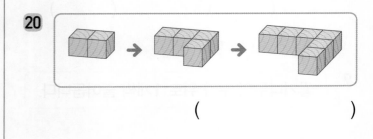

( )

21

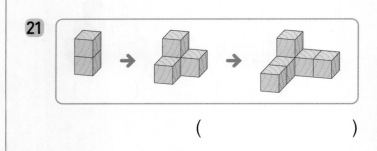

( )

22

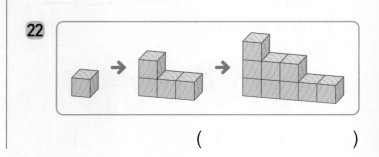

( )

★ 완성 쌓은 모양에서 규칙 찾기

◆ 화살표가 가리키는 곳에 규칙에 따라 쌓기나무를 이어 붙이려고 합니다. 알맞은 모양을 찾아 이어 보세요.

23  ·

·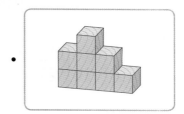

24  ·

·

25  ·

·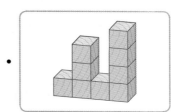

➕문해력

26 규칙에 따라 벽돌을 쌓았습니다. 빈칸에 들어갈 모양을 만드는 데 필요한 벽돌은 모두 몇 개일까요?

풀이 벽돌이 위로 ☐ 개씩 늘어납니다.

필요한 벽돌은 3+☐+☐+☐=☐(개)입니다.

답 빈칸에 들어갈 모양을 만드는 데 필요한 벽돌은 ☐개입니다.

+	1	2	3	4
1	2	3	4	5
2	3	4	5	6
3	4	5	6	7
4	5	6	7	8

· ▨으로 색칠한 수:
오른쪽으로 갈수록
1씩 커집니다.
· ▨으로 색칠한 수:
아래쪽으로 내려갈수록
1씩 커집니다.

×	1	2	3	4
1	1	2	3	4
2	2	4	6	8
3	3	6	9	12
4	4	8	12	16

· ▨으로 색칠한 수:
오른쪽으로 갈수록
3씩 커집니다.
· ▨으로 색칠한 수:
아래쪽으로 내려갈수록
2씩 커집니다.

◆ 덧셈표에서 ▨으로 색칠한 수의 규칙을 찾아 쓰세요.

1

+	2	3	4	5
2	4	5	6	7
3	5	6	7	8
4	6	7	8	9
5	7	8	9	10

오른쪽으로 갈수록 ☐씩 커집니다.

2

+	6	7	8	9
6	12	13	14	15
7	13	14	15	16
8	14	15	16	17
9	15	16	17	18

아래쪽으로 내려갈수록 ☐씩 커집니다.

3

+	2	4	6	8
2	4	6	8	10
4	6	8	10	12
6	8	10	12	14
8	10	12	14	16

↘ 방향으로 갈수록 ☐씩 커집니다.

◆ 곱셈표에서 ▨으로 색칠한 수의 규칙을 찾아 쓰세요.

4

×	2	3	4	5
2	4	6	8	10
3	6	9	12	15
4	8	12	16	20
5	10	15	20	25

오른쪽으로 갈수록 ☐씩 커집니다.

5

×	6	7	8	9
6	36	42	48	54
7	42	49	56	63
8	48	56	64	72
9	54	63	72	81

아래쪽으로 내려갈수록 ☐씩 커집니다.

6

×	1	2	3	4
3	3	6	9	12
4	4	8	12	16
5	5	10	15	20
6	6	12	18	24

오른쪽으로 갈수록 ☐씩 커집니다.

연습 덧셈표, 곱셈표에서 규칙 찾기

◆ 덧셈표를 완성해 보세요.

7

+	1	2	3	4
3	4		6	7
5		7		9
7			10	11
9	10		12	13

8

+	1	3	5	7
2	3	5	7	
4	5		9	
6	7	9	11	
8		11		15

9

+	4	5	6	7
1		6	7	8
3	7	8		
5	9	10		12
7		12	13	

10

+	2	4	6	8
3	5		9	
5	7	9	11	
7		11	13	15
9	11		15	

◆ 곱셈표를 완성해 보세요.

11

×	1	2	3	4
5	5	10		20
6			18	24
7	7	14		28
8		16	24	

12

×	6	7	8	9
2		14	16	18
3	18	21		27
4		28	32	
5	30			45

13

×	3	5	7	9
2	6	10		18
4		20	28	36
6	18		42	
8		40		72

14

×	4	5	6	7
6	24	30	36	
7	28		42	
8		40	48	56
9	36		54	

6 단원
39회

◆ ▨으로 칠해진 곳과 규칙이 같은 곳을 찾아 색칠해 보세요.

15

+	2	3	4	5
3	5	6	7	8
4	6	7	8	9
5	7	8	9	10
6	8	9	10	11

16

+	2	4	6	8
1	3	5	7	9
3	5	7	9	11
5	7	9	11	13
7	9	11	13	15

17

×	2	3	4	5
2	4	6	8	10
3	6	9	12	15
4	8	12	16	20
5	10	15	20	25

18

×	6	7	8	9
6	36	42	48	54
7	42	49	56	63
8	48	56	64	72
9	54	63	72	81

◆ 주어진 규칙에 맞게 표에 색칠해 보세요.

19 ↘ 방향으로 2씩 커집니다.

+	5	6	7	8	9
1	6	7	8	9	10
2	7	8	9	10	11
3	8	9	10	11	12
4	9	10	11	12	13
5	10	11	12	13	14

20 모두 10으로 같습니다.

+	3	4	5	6	7
3	6	7	8	9	10
4	7	8	9	10	11
5	8	9	10	11	12
6	9	10	11	12	13
7	10	11	12	13	14

21 아래로 내려갈수록 7씩 커집니다.

×	5	6	7	8	9
5	25	30	35	40	45
6	30	36	42	48	54
7	35	42	49	56	63
8	40	48	56	64	72
9	45	54	63	72	81

★ 완성 · 덧셈표, 곱셈표에서 규칙 찾기

◆ 덧셈표 또는 곱셈표 퍼즐을 완성하려고 합니다. 비어 있는 자리에 알맞은 퍼즐 조각을 찾아 조각 안에 알맞은 수를 써넣으세요.

22

+	1	3	5	7
2	3	5		9
4	5	7	9	11
6		9	11	
8	9	11	13	15

(7)

24

×	3	4	5	6
3	9	12	15	18
4	12	16	20	
5	15	20		30
6	18		30	36

23

+	4	5	6	7
4	8		10	11
5	9	10	11	
6	10	11	12	13
7	11	12	13	

25

×	3	5	7	9
5	15	25	35	45
6	18	30		54
7		35	49	63
8	24	40	56	

+ 문해력

26 오른쪽 덧셈표에서 ㉠에 알맞은 수는 무엇일까요?

풀이 ㉠이 있는 줄은 오른쪽으로 갈수록 [ ]씩 커집니다.

㉠=15+[ ]=[ ]

답 ㉠에 알맞은 수는 [ ]입니다.

+	6	7	8	9
4	10	11	12	13
5	11	12	13	14
6	12	13	14	15
7	13	14	15	㉠

◆ 규칙을 찾아 빈칸에 알맞은 모양을 그리고 색칠해 보세요.

1
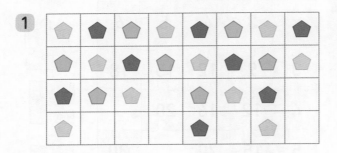

2
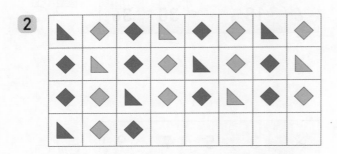

3
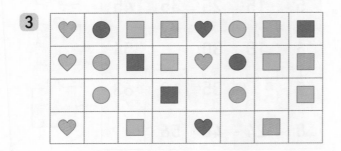

4

5

6

7

◆ 규칙에 따라 쌓기나무를 쌓았습니다. 다음에 쌓을 모양에 ○표 하세요.

8
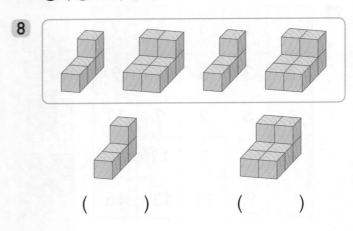

(   )   (   )

9
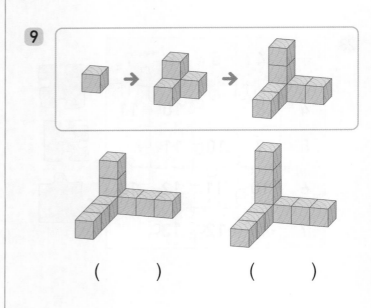

(   )   (   )

10
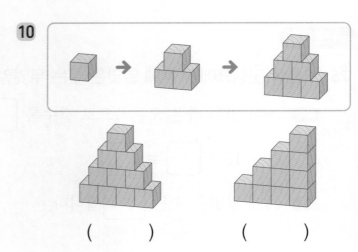

(   )   (   )

◆ 덧셈표를 완성해 보세요.

11

+	2	4	6	8
1	3	5		9
2	4		8	
3		7	9	11
4	6		10	

12

+	3	4	5	6
6	9		11	12
7		11		13
8	11		13	
9	12	13		15

13

+	1	2	3	4
5		7	8	
6	7		9	10
7		9	10	
8	9		11	12

14

+	1	3	5	7
1	2			8
3		6	8	10
5	6	8		12
7		10		14

◆ 곱셈표를 완성해 보세요.

15

×	2	3	4	5
2	4		8	10
3		9		15
4	8		16	20
5		15	20	

16

×	1	3	5	7
2	2	6		14
4	4	12	20	
6		18		42
8	8		40	

17

×	6	7	8	9
3	18	21		
4	24		32	36
5		35	40	45
6	36		48	

18

×	0	2	4	6
3	0	6		18
5		10	20	
7	0			42
9	0	18		54

6단원 40회

◆ 규칙을 찾아 마지막 모양에 ●을 알맞게 그려 보세요.

1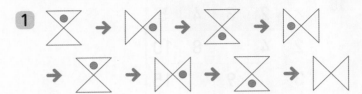

2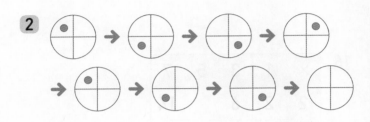

3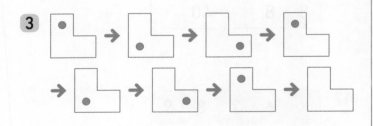

4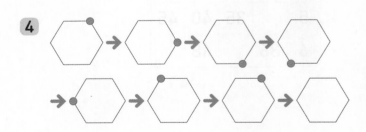

5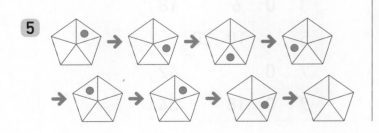

◆ 표를 완성하고, ☐ 안에 알맞은 수를 써넣으세요.

6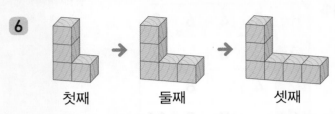

첫째　　둘째　　셋째

순서	첫째	둘째	셋째
쌓기나무의 수(개)			

➡ 쌓기나무가 ☐ 개씩 늘어납니다.

7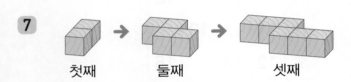

첫째　　둘째　　셋째

순서	첫째	둘째	셋째
쌓기나무의 수(개)			

➡ 쌓기나무가 ☐ 개씩 늘어납니다.

8

첫째　　둘째　　셋째

순서	첫째	둘째	셋째
쌓기나무의 수(개)			

➡ 쌓기나무가 ☐ 개씩 늘어납니다.

◆ 규칙에 따라 쌓기나무를 쌓았습니다. 다음에 이어질 모양을 쌓으려면 쌓기나무가 몇 개 필요한지 구하세요.

9

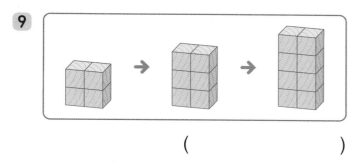

( )

10

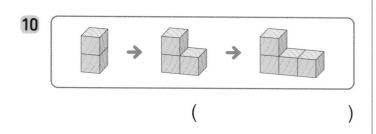

( )

11

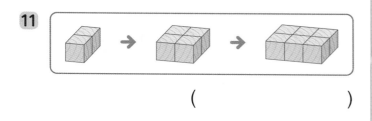

( )

12

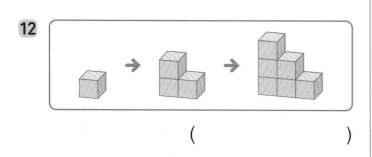

( )

13

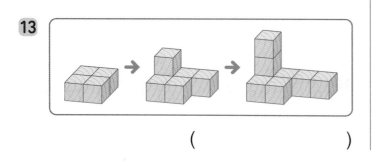

( )

◆ 주어진 규칙에 맞게 표에 색칠해 보세요.

14

> 4부터 시작하여 ↓ 방향으로
> 2씩 커집니다.

+	0	1	2	3	4
1	1	2	3	4	5
3	3	4	5	6	7
5	5	6	7	8	9
7	7	8	9	10	11
9	9	10	11	12	13

15

> → 방향으로 8씩 커집니다.

×	5	6	7	8	9
5	25	30	35	40	45
6	30	36	42	48	54
7	35	42	49	56	63
8	40	48	56	64	72
9	45	54	63	72	81

16

> 오른쪽으로 갈수록 6씩 커집니다.

×	2	3	4	5	6
2	4	6	8	10	12
3	6	9	12	15	18
4	8	12	16	20	24
5	10	15	20	25	30
6	12	18	24	30	36

6단원
41회

◆ ☐ 안에 알맞은 수를 써넣으세요.

1 1000은 200보다 ☐만큼 더 큰 수입니다.

2 1000은 500보다 ☐만큼 더 큰 수입니다.

3 1000은 970보다 ☐만큼 더 큰 수입니다.

4 1000이 1개 ⎤
100이 6개 ⎟
10이 0개 ⎟ ☐
1이 7개 ⎦

5 1000이 4개 ⎤
100이 2개 ⎟
10이 3개 ⎟ ☐
1이 5개 ⎦

6 1000이 8개 ⎤
100이 5개 ⎟
10이 3개 ⎟ ☐
1이 6개 ⎦

◆ ☐ 안에 알맞은 수를 써넣으세요.

7 ① $2 \times 3 = $ ☐   ② $5 \times 7 = $ ☐

8 ① $3 \times 6 = $ ☐   ② $6 \times 4 = $ ☐

9 ① $4 \times 9 = $ ☐   ② $8 \times 6 = $ ☐

10 ① $7 \times 8 = $ ☐   ② $9 \times 5 = $ ☐

11 ① $1 \times 7 = $ ☐   ② $0 \times 2 = $ ☐

12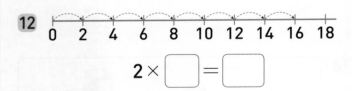

$2 \times$ ☐ $=$ ☐

13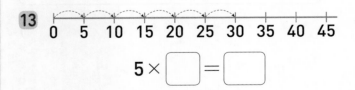

$5 \times$ ☐ $=$ ☐

14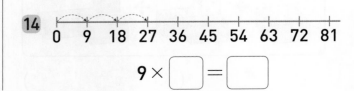

$9 \times$ ☐ $=$ ☐

◆ 계산해 보세요.

15 ①　　 3 m　50 cm
　　 ＋1 m　30 cm

② 　　 4 m　30 cm
　　 ＋2 m　20 cm

16 ①　　 5 m　12 cm
　　 ＋3 m　37 cm

② 　　 6 m　40 cm
　　 ＋1 m　23 cm

17 ①　　 3 m　60 cm
　　 － 2 m　40 cm

② 　　 5 m　70 cm
　　 － 1 m　10 cm

18 ①　　 6 m　55 cm
　　 － 4 m　31 cm

② 　　 8 m　92 cm
　　 － 3 m　20 cm

19 ① 5 m 60 cm＋1 m 10 cm

② 6 m 35 cm－3 m 20 cm

20 ① 3 m 56 cm＋4 m 23 cm

② 8 m 49 cm－6 m 15 cm

◆ 시각을 쓰세요.

21 ①

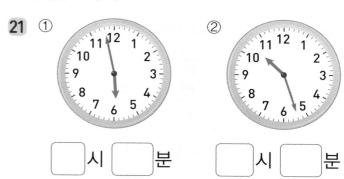

　②

　☐시 ☐분　　☐시 ☐분

22

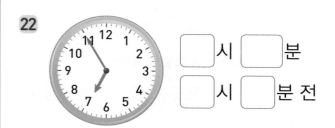

☐시 ☐분

☐시 ☐분 전

23

☐시 ☐분

☐시 ☐분 전

◆ ☐ 안에 알맞은 수를 써넣으세요.

24 ① 2시간 30분＝☐분

② 100분＝☐시간 ☐분

25 ① 1일 5시간＝☐시간

② 3년 2개월＝☐개월

◆ 자료를 보고 표를 완성해 보세요.

26 좋아하는 과일

리아	다윤	주호	지유
준우	민지	유준	이안
지혜	채원	민서	주원
지혜	채원	민서	주원

좋아하는 과일별 학생 수

과일	딸기	포도	귤	멜론	합계
학생 수(명)					

◆ 표를 보고 ○을 이용하여 그래프로 나타내세요.

27 월별 봉사 활동을 간 날수

월	7월	8월	9월	10월	합계
날수(일)	4	5	3	1	13

월별 봉사 활동을 간 날수

5				
4				
3				
2				
1				
날수(일) 월	7월	8월	9월	10월

◆ 규칙을 찾아 빈칸에 알맞은 모양을 그리고 색칠해 보세요.

28

29

◆ 덧셈표와 곱셈표를 완성해 보세요.

30

+	6	7	8	9
2		9	10	
4		11		13
6	12		14	
8	14			17

31

×	2	3	4	5
2	4	6		
3	6			15
4	8	12		
5			20	25

동아출판 초등 무료 스마트러닝

동아출판

동아출판 초등 **무료 스마트러닝**으로 쉽고 재미있게!

과목별·영역별 특화 강의

수학 개념 강의

국어 독해 지문 분석 강의

구구단 송

그림으로 이해하는 비주얼씽킹 강의

과학 실험 동영상 강의

과목별 문제 풀이 강의

서비스 제공 교재   큐브 | 백점 과학 | 빠작 초등 국어 | 초능력 | 초고필 | 하이탑 초등 과학

엄마표 학습 큐브

큡챌린지란?

큐브로 6주간 매주 자녀와
학습한 내용을 기록하고,
같은 목표를 가진 엄마들과 소통하며
함께 성장할 수 있는
엄마표 학습단입니다.

큡챌린지 이런 점이 좋아요

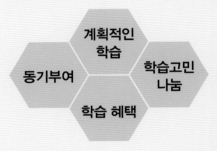

계획적인 학습
동기부여
학습고민 나눔
학습 혜택

학습 스케줄

매일 **4**쪽씩 학습!

주 5회 매일 4쪽	**39%**
주 5회 매일 2쪽	**15%**
1주에 한 단원 끝내기	**17%**
기타(개별 진도 등)	**29%**

엄마표 학습, 큐브로 시작!

큡챌린지

수학은 큡

6주 학습 완주자 → 완주 **83%**

만족 **98%** ← 학습단 참여 만족도

학습 태도 변화

습관 형성 성취감 자신감

학습단 참여 후 우리 아이는
"꾸준히 학습하는 습관이 잡혔어요."
"성취감이 높아졌어요."
"수학에 자신감이 생겼어요."

학습 지속률

10명 중 **8.3**명

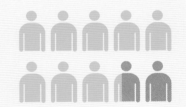

학습 참여자 2명 중 1명은

6주 간 **1**권 끝!

큐브 연산

초등 수학

2·2

모바일 쉽고 편리한 빠른 정답

정답

동아출판

정답

초등 수학 **2·2**

모바일
빠른 정답

01회 천, 몇천

008쪽 | 개념

1 1000

2 100

3 천

4 2, 2000

5 7, 7000

6 8, 8000

009쪽 | 연습

7 ① 500 ② 300

8 ① 1 ② 5

9 ① 20 ② 30

10 2000, 이천

11 4000, 사천

12 8000, 팔천

13 7000, 칠천

14 9000, 구천

15 5000, 오천

010쪽 | 적용

16

17

18

19

20 (예)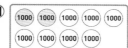

21 (예)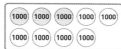

22 (예)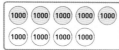

23 (예)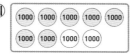

24 (예)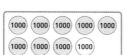

011쪽 | 완성

25 6000

26 미국, 1000

27 일본, 4000

28 일본, 9000

+문해력

29 1000, 7, 7000 / 7000

02회 네 자리 수

012쪽 | 개념

1 1469

2 3524

3 2298

4 1507

5 2081

6 4230

013쪽 | 연습

7 2618

8 7059

9 5, 4, 6, 7

10 8, 1, 0, 5

11 ① 이천칠백십사
　　② 3542

12 ① 천칠백삼십육
　　② 1583

13 ① 사천팔
　　② 6075

14 ① 오천팔백사십칠
　　② 8126

15 ① 칠천육백삼십구
　　② 5217

16 ① 팔천구백삼
　　② 9830

014쪽 | 적용

17 2530

18 7950

19 4580

20 9140

21 (○)
　　(　)

22 (　)
　　(○)

23 (○)
　　(　)

24 (　)
　　(○)

25 (○)
　　(　)

1단원

26
4500원 3500원 2300원

28
5700원 2370원 2730원

27
2450원 3250원 4350원

29
3620원 3160원 2130원

+문해력
30 1, 4, 1400 / 1400

03회 각 자리 숫자가 나타내는 값

016쪽 | 개념

1 800, 20, 6 / 800, 20, 6

2 6000, 300, 10, 7 / 6000, 300, 10, 7

3 5, 0, 0, 0 / 5, 0, 0 / 5, 0

4 8, 0, 0, 0 / 8, 0, 0 / 8

5 2, 0, 0, 0 / 2, 0 / 2

017쪽 | 연습

※ 위에서부터 채점하세요.

6 ① 3000 ② 200 ③ 80 ④ 5

7 ① 8000 ② 100 ③ 60 ④ 3

8 ① 6000 ② 700 ③ 0   ④ 4

9 ① 9000 ② 0   ③ 40 ④ 1

10 2, 4, 9, 3 / 2000, 400, 90, 3

11 5, 9, 3, 2 / 5000, 900, 30, 2

12 7, 6, 5, 8 / 7000, 600, 50, 8

13 8, 5, 0, 9 / 8000, 500, 0, 9

018쪽 | 적용

14 ① 20   ② 2000

15 ① 700   ② 7

16 ① 600   ② 6

17 ① 100   ② 10

18 ① 50   ② 500

19 ① 90   ② 9000

20 2314

21 6798

22 8925

23 1538

24 9513

25 1283

26 7104

019쪽 | 완성

27 2580

28 4891

29 2356

+문해력
30 700, 7000, 70 / 윤서

04회 네 자리 수의 뛰어 세기

020쪽 | 개념

1 3000, 4000

2 4300, 6300

3 5130, 6130

4 1780, 1880

5 4365, 4565

6 7170, 7180

7 2415, 2435

8 5327, 5337

9 6512, 6513

10 9004, 9006

021쪽 | 연습

11 4400, 8400

12 1440, 1540

13 2880, 2890

14 5570, 5600

15 8936, 8937, 8940

16 100

17 1000

18 1

19 10

20 100

21 1

022쪽 | 적용

22 6283

23 8025

24 9471

25 3137

26 7042

27 4553

28 2163, 2363

29 7186, 8186

30 3804, 3834

31 5108, 5128

32 3329, 4329

33 8811, 9011

023쪽 | 완성

34

35

36

37

38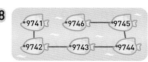

39

+문해력
40 1000 / 4800, 5800, 6800 / 6800

05회 네 자리 수의 크기 비교

024쪽 | 개념

1 2, 4, 8, 6 / <

2 3, 6, 2, 5 / <

3 5, 1, 9, 6
/ 5, 1, 7, 8 / >

4 < / <

5 > / >

6 < / <

7 > / >

8 > / >

025쪽 | 연습

9 ① < ② >

10 ① < ② >

11 ① < ② >

12 ① > ② <

13 ① > ② <

14 ① > ② <

15 ① < ② >

16 ① < ② >

17 ① < ② >

18 ① > ② <

19 ① < ② >

026쪽 | 적용

20 4103

21 3648

22 5378

23 6249

24 7128

25 8291

26 9572

27 3420, 1934

28 5102, 2920

29 9845, 9167

30 1981, 1949

31 6300, 3897

32 7183, 6704

027쪽 | 완성

33 1889, 1950

34 2010

35 3124

36 2100, 3658

37 7340

38 8024, 9347

+문해력
39 2957, <, 3041 / 파란색

06회 평가 A

028쪽

1 700

2 400

3 10

4 1

5 4682

6 3046

7 7591

8 ① 5000 ② 400 ③ 20 ④ 9
9 ① 4000 ② 800 ③ 50 ④ 2
10 ① 1000 ② 300 ③ 70 ④ 8
11 ① 2000 ② 600 ③ 30 ④ 7
12 ① 3000 ② 0 ③ 90 ④ 6

029쪽

13 10
14 100
15 1
16 1000
17 100
18 10
19 ① > ② <
20 ① < ② >
21 ① < ② >
22 ① > ② <
23 ① < ② >
24 ① > ② <

07회 평가 B

030쪽

1 2000
2 4000
3 3380
4 6490
5 8260
6 5381
7 6318
8 7194
9 2681
10 4705
11 6508
12 5671

031쪽

13 6756, 7756
14 5243, 5247
15 8901, 9101
16 3189, 5189
17 4230, 4240
18 9707, 9710
19 7025, 5900
20 9800, 5692
21 5680, 5397
22 7563, 7034
23 3000, 2714
24 4001, 3815

08회 2단 곱셈구구

034쪽 | 개념

1 6, 6
2 14, 14
3 16, 16
4 8
5 10
6 12
7 18

035쪽 | 연습

8 ① 2 ② 12
9 ① 14 ② 4
10 ① 6 ② 16
11 ① 18 ② 8
12 ① 10 ② 14
13 ① 3 ② 5
14 ① 8 ② 2
15 ① 7 ② 4
16 ① 6 ② 9
17 2, 4
18 3, 6
19 5, 10
20 7, 14
21 4, 8
22 6, 12
23 8, 16
24 9, 18

036쪽 | 적용

25 2, 10
26 6, 18
27 8, 14
28 12, 2
29 10, 16
30 18, 4
31 13
32 7
33 11
34 15
35 19
36 9
37 17

037쪽 | 완성

38

39

40

41

42

+문해력
43 2, 4, 8 / 8

09회 5단 곱셈구구

038쪽 | 개념

1 10, 10

2 35, 35

3 40, 40

4 15

5 25

6 30

7 45

039쪽 | 연습

8 ① 10 ② 35

9 ① 5 ② 45

10 ① 15 ② 25

11 ① 30 ② 40

12 ① 45 ② 20

13 ① 1 ② 3

14 ① 7 ② 8

15 ① 4 ② 9

16 ① 6 ② 2

17 8, 40

18 4, 20

19 5, 25

20 2, 10

21 6, 30

22 3, 15

23 7, 35

24 9, 45

040쪽 | 적용

25

26

27

28

29 (○) ( )

30 ( ) (○)

31 (○) ( )

32 (○) ( )

33 ( ) (○)

34 (○) ( )

35 ( ) (○)

041쪽 | 완성

36

5×2 5×5 5×6 5×8

37

5×4 5×6 5×1 5×9

38

5×5 5×3 5×7 5×4

+문해력
39 5, 4, 20 / 20

10회 3단 곱셈구구

042쪽 | 개념

1 18, 18

2 21, 21

3 24, 24

4 9

5 12

6 15

7 27

043쪽 │ 연습

8 ① 18 ② 15

9 ① 6 ② 27

10 ① 12 ② 9

11 ① 21 ② 24

12 ① 15 ② 3

13 ① 6 ② 4

14 ① 5 ② 2

15 ① 3 ② 7

16 ① 8 ② 9

17 2, 6

18 3, 9

19 6, 18

20 4, 12

21 8, 24

22 5, 15

23 9, 27

24 7, 21

044쪽 │ 적용

25 9, 24

26 15, 12

27 21, 3

28 6, 27

29 18, 15

30 24, 12

31 15, 21

32 9, 24

33 18, 6

34 3, 15

35 27, 12

36 6, 24

37 21, 18

38 27, 12, 9

045쪽 │ 완성

39 4, 12

40 6, 18

41 3, 9

42 8, 24

43 5, 15

44 7, 21

+문해력
45 3, 9, 27 / 27

11회 6단 곱셈구구

046쪽 │ 개념

1 18, 18

2 42, 42

3 48, 48

4 12

5 30

6 36

7 54

047쪽 │ 연습

8 ① 18 ② 24

9 ① 6 ② 36

10 ① 30 ② 42

11 ① 54 ② 24

12 ① 12 ② 48

13 ① 5 ② 4

14 ① 7 ② 9

15 ① 6 ② 1

16 ① 3 ② 2

17 2, 12

18 4, 24

19 6, 36

20 7, 42

21 3, 18

22 5, 30

23 8, 48

24 9, 54

048쪽 │ 적용

※ 위에서부터 채점하세요.

25 30, 42

26 18, 36, 54

27 48, 42, 6

28 30, 24, 18

29 2, 6 / 1, 6

30 6, 18 / 3, 18

31 8, 24 / 4, 24

32 4, 12 / 2, 12

049쪽 │ 완성

33 (3) 49 / 42

34 (2) 42 / 48

35 (1) 18 / 12 (4) 30 / 36

+문해력
36 6, 2, 12 / 12

12회 4단 곱셈구구

050쪽 | 개념

1 16, 16
2 24, 24
3 28, 28
4 12
5 20
6 32
7 36

051쪽 | 연습

8 ① 28 ② 20
9 ① 8 ② 24
10 ① 4 ② 12
11 ① 16 ② 32
12 ① 36 ② 28
13 ① 2 ② 3
14 ① 6 ② 9
15 ① 7 ② 4
16 ① 8 ② 5
17 2, 8
18 4, 16
19 5, 20
20 8, 32
21 3, 12
22 9, 36
23 7, 28
24 6, 24

052쪽 | 적용

25 12, 28
26 8, 16
27 32, 20
28 24, 36
29 28, 4
30 12, 20
31 21
32 15
33 19
34 33
35 25
36 10
37 9

053쪽 | 완성

38 5, 20
39 6, 24
40 7, 28
41 8, 32

+문해력
42 4, 9, 36 / 36

13회 8단 곱셈구구

054쪽 | 개념

1 40, 40
2 56, 56
3 64, 64
4 16
5 24
6 48
7 72

055쪽 | 연습

8 ① 24 ② 48
9 ① 56 ② 72
10 ① 32 ② 8
11 ① 40 ② 64
12 ① 16 ② 72
13 ① 5 ② 7
14 ① 8 ② 6
15 ① 9 ② 4
16 ① 2 ② 3
17 2, 16
18 7, 56
19 4, 32
20 6, 48
21 3, 24
22 8, 64
23 5, 40
24 9, 72

056쪽 | 적용

※ 위에서부터 채점하세요.

25 8, 8, 40
26 4, 24, 72
27 2, 5, 48
28 9, 3, 56
29 (×)(　)
30 (　)(×)
31 (×)(　)
32 (　)(×)
33 (　)(×)
34 (×)(　)
35 (　)(×)

057쪽 | 완성

36 24, 32
37 40, 16
38 64, 48
39 8, 56, 72

+문해력
40 8, 6, 48 / 48

14회 7단 곱셈구구

058쪽 | 개념

1 49, 49
2 56, 56
3 63, 63
4 14
5 21
6 35
7 42

059쪽 | 연습

8 ① 49 ② 7
9 ① 35 ② 63
10 ① 14 ② 28
11 ① 42 ② 56
12 ① 21 ② 35
13 ① 5 ② 3
14 ① 8 ② 4
15 ① 9 ② 6
16 ① 7 ② 2
17 2, 14
18 3, 21
19 6, 42
20 8, 56
21 4, 28
22 9, 63
23 5, 35
24 7, 49

060쪽 | 적용

※ 위에서부터 채점하세요.

25 7, 35
26 49, 14
27 21, 63
28 56, 6
29 5, 28
30 9, 7

31
40	18	7	28	35	56
11	31	24	15	29	49
2	4	21	14	63	42

32
63	21	20	32	12	39
42	43	36	23	66	51
28	7	35	56	14	49

33
34	35	37	13	56	21
27	28	41	65	7	16
22	49	42	14	63	30

34
18	54	28	30	48	45
21	7	56	27	14	64
32	42	49	35	63	36

35
12	28	7	25	63	42
51	43	35	56	21	34
60	49	14	37	44	58

061쪽 | 완성

36 3, 21
37 4, 28
38 2, 14
39 5, 35

+문해력
40 7, 7, 49 / 49

15회 9단 곱셈구구

062쪽 | 개념

1 36, 36
2 54, 54
3 72, 72
4 18
5 27
6 45
7 81

063쪽 | 연습

8 ① 18 ② 54
9 ① 45 ② 81
10 ① 36 ② 27
11 ① 9 ② 63
12 ① 72 ② 45
13 ① 5 ② 9
14 ① 6 ② 7
15 ① 2 ② 4
16 ① 8 ② 3
17 2, 18
18 4, 36
19 5, 45
20 7, 63
21 3, 27
22 6, 54
23 8, 72
24 9, 81

064쪽 | 적용

※ 위에서부터 채점하세요.

25 9, 72, 63

26 18, 36, 81, 45

27 54, 63, 36, 9

28 72, 81, 45, 18

29 <

30 >

31 <

32 <

33 >

34 <

35 >

36 >

065쪽 | 완성

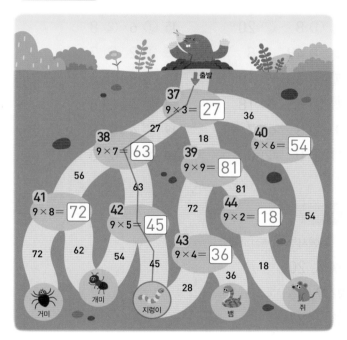

+문해력

45 9, 5, 45 / 45

16회 1단 곱셈구구와 0의 곱

066쪽 | 개념

1 4

2 6

3 8

4 9

5 0

6 0

7 0

8 0

067쪽 | 연습

9 ① 4 ② 8

10 ① 6 ② 5

11 ① 9 ② 7

12 ① 0 ② 0

13 ① 0 ② 0

14 ① 0 ② 0

15 ① 5 ② 1

16 ① 4 ② 8

17 ① 7 ② 9

18 2, 2

19 3, 3

20 5, 5

21 7, 7

22 4, 4

23 6, 6

24 8, 8

25 9, 9

068쪽 | 적용

※ 위에서부터 채점하세요.

26 0, 7, 0, 2

27 7, 0, 3, 0

28 0, 5, 9, 0

29 6, 0, 0, 4

30 8, 0, 1, 0

31 (×)( )( )

32 ( )(×)( )

33 ( )(×)( )

34 ( )( )(×)

35 ( )(×)( )

36 ( )( )(×)

37 (×)( )( )

069쪽 | 완성

38 5, 5

39 9, 9

40 4, 4

+문해력

41 1, 6, 6 / 6

17회 곱셈표 만들기

070쪽 | 개념

1 2

5 12

2 5

6 35

3 6

7 72

4 9

071쪽 | 연습

※ 위에서부터 채점하세요.

8 0, 3, 4, 6 / 2, 6, 8 / 0, 6, 9

9 8, 16, 24 / 10, 25, 35 / 6, 18, 24, 42

10 28, 35, 49 / 16, 40, 48 / 18, 36, 54, 63

11 9, 15, 18, 24 / 24, 36, 42 / 36, 63, 72

12 1, 9 / 9, 1

13 2, 8 / 8, 2

14 2, 6 / 3, 4 / 4, 3 / 6, 2

15 2, 9 / 3, 6 / 6, 3 / 9, 2

072쪽 | 적용

16 2

17 6

18 7

19 5

20 3

21 8

22

23

24

25

073쪽 | 완성

26

+문해력

27 3, 4, 12 / 4, 3, 12 / 12, 12

18회 평가 A

074쪽

1 ① 14 ② 8

11 ① 2 ② 6

2 ① 15 ② 45

12 ① 5 ② 8

3 ① 3 ② 9

13 ① 7 ② 9

4 ① 24 ② 48

14 ① 6 ② 9

5 ① 8 ② 20

15 ① 6 ② 8

6 ① 48 ② 8

16 ① 2 ② 7

7 ① 63 ② 49

17 ① 8 ② 4

8 ① 45 ② 18

18 ① 4 ② 6

9 ① 3 ② 7

19 ① 4 ② 8

10 ① 0 ② 0

20 ① 0 ② 0

075쪽

※ 위에서부터 채점하세요.

21 4, 20

22 9, 36

23 3, 21

24 8, 16

25 7, 42

26 6, 18

27 5, 40

28 2, 18

29 0, 8, 16, 24 / 5, 15, 25 / 0, 6, 24

30 28, 35, 49 / 16, 40, 48 / 18, 36, 54, 63

31 15, 18, 24 / 15, 30, 35 / 21, 35, 49, 56

32 3, 5 / 5, 20 / 0, 16, 24, 48

33 6, 18 / 24, 30, 42 / 45, 72, 81

19회 평가 B

076쪽

※ 위에서부터 채점하세요.

1 6, 15
2 18, 24
3 28, 36
4 16, 64
5 42, 7
6 45, 18

7 14, 16, 8, 28
8 15, 0, 0, 5
9 0, 30, 35, 0
10 9, 48, 6, 72
11 18, 24, 72, 6

077쪽

12 4, 8, 10
13 3, 15, 27
14 12, 16, 36
15 20, 35, 40
16 24, 42, 54
17 7, 42, 63
18 24, 64, 72
19 27, 45, 81

20 3
21 5
22 6
23 8
24 2
25 4
26 9

20회 cm보다 더 큰 단위

080쪽 | 개념

1 2 m / 2 미터
2 4 m / 4 미터
3 5 m / 5 미터
4 7 m / 7 미터

5 1, 40
6 1, 60
7 1, 70
8 1, 80

081쪽 | 연습

9 ① 2   ② 6
10 ① 3   ② 8
11 ① 1, 80 ② 2, 10
12 ① 3, 5   ② 4, 27
13 ① 5, 8   ② 6, 54
14 ① 7, 1   ② 9, 32

15 ① 300 ② 700
16 ① 400 ② 500
17 ① 190 ② 350
18 ① 406 ② 708
19 ① 209 ② 607
20 ① 515 ② 860
21 ① 713 ② 946

082쪽 | 적용

22 ×
23 ○
24 ○
25 ×
26 ×
27 ○
28 ×
29 ○

30 240 cm   2 m 4 cm
31 372 cm   3 m 81 cm
32 4 m 36 cm   450 cm
33 7 m 90 cm   789 cm
34 945 cm   9 m 54 cm
35 5 m 72 cm   529 cm
36 684 cm   6 m 68 cm
37 8 m 11 cm   881 cm

083쪽 | 완성

38

39

+문해력

40 2, 15, 200, 15, 215 / 215

21회 길이의 합

084쪽 | 개념

1 2, 60

2 2, 70

3 2, 70

4 3, 60

5 4, 90

6 4, 55

7 7, 75

8 9, 39

085쪽 | 연습

9 ① 4 m 50 cm ② 6 m 60 cm

10 ① 3 m 35 cm ② 6 m 37 cm

11 ① 6 m 71 cm ② 9 m 86 cm

12 ① 6 m 83 cm ② 9 m 53 cm

13 ① 6 m 59 cm ② 8 m 98 cm

14 ① 8 m 85 cm ② 10 m 67 cm

15 ① 6 m 40 cm ② 8 m 70 cm

16 ① 4 m 80 cm ② 7 m 70 cm

17 ① 6 m 15 cm ② 7 m 13 cm

18 ① 8 m 27 cm ② 9 m 17 cm

19 ① 8 m 79 cm ② 9 m 57 cm

20 ① 10 m 57 cm ② 11 m 68 cm

21 ① 14 m 77 cm ② 15 m 85 cm

086쪽 | 적용

22 4 m 60 cm

23 6 m 27 cm

24 8 m 78 cm

25 5 m 59 cm

26 9 m 84 cm

27 8 m 58 cm

28 2, 77

29 4, 96

30 5, 93

31 7, 76

32 4, 67

33 8, 93

087쪽 | 완성

34 79, 69

35 77, 85

36 77, 46

37 78, 34

+문해력

38 2, 36, 1, 23, 3, 59 / 3, 59

22회 길이의 차

088쪽 | 개념

1 1, 20

2 2, 10

3 1, 30

4 1, 10

5 3, 40

6 3, 25

7 4, 60

8 4, 21

089쪽 | 연습

9 ① 2 m 60 cm ② 1 m 10 cm

10 ① 3 m 50 cm ② 30 cm

11 ① 3 m 53 cm ② 1 m 91 cm

12 ① 5 m 20 cm ② 3 m

13 ① 6 m 32 cm ② 3 m 25 cm

14 ① 5 m 63 cm ② 2 m 45 cm

15 ① 1 m 20 cm ② 1 m 10 cm

16 ① 2 m ② 1 m 30 cm

17 ① 2 m 36 cm ② 1 m 35 cm

18 ① 4 m 40 cm ② 1 m 53 cm

19 ① 6 m 42 cm ② 3 m 21 cm

20 ① 5 m 21 cm ② 30 cm

21 ① 7 m 34 cm ② 4 m 40 cm

090쪽 | 적용

22 3 m 30 cm
23 7 m 20 cm
24 2 m 45 cm
25 2 m 69 cm
26 2 m 35 cm
27 6 m 44 cm
28 1, 11
29 2, 51
30 3, 21
31 3, 61
32 5, 42
33 6, 52

091쪽 | 완성

34 낙타

+문해력
35 1, 76, 1, 35, 41 / 41

23회 평가 A

092쪽

1 ① 1　② 4
2 ① 2, 90　② 3, 40
3 ① 3, 17　② 5, 84
4 ① 200　② 600
5 ① 420　② 570
6 ① 608　② 904
7 ① 752　② 816
8 ① 3 m 80 cm　② 5 m 40 cm
9 ① 5 m 78 cm　② 5 m 72 cm
10 ① 4 m 65 cm　② 5 m 72 cm
11 ① 7 m 74 cm　② 9 m 84 cm
12 ① 7 m 59 cm　② 8 m 98 cm
13 ① 8 m 78 cm　② 9 m 69 cm
14 ① 9 m 68 cm　② 9 m 89 cm

093쪽

15 ① 2 m 20 cm　② 1 m 30 cm
16 ① 5 m 52 cm　② 2 m 50 cm
17 ① 3 m 43 cm　② 2 m 35 cm
18 ① 4 m 18 cm　② 2 m 48 cm
19 ① 4 m 27 cm　② 44 cm
20 ① 4 m 20 cm　② 2 m 40 cm
21 ① 7 m 24 cm　② 3 m 5 cm
22 ① 5 m 80 cm　② 7 m 90 cm
23 ① 5 m 47 cm　② 6 m 79 cm
24 ① 8 m 61 cm　② 9 m 63 cm
25 ① 8 m 53 cm　② 9 m 78 cm
26 ① 2 m 24 cm　② 1 m 13 cm
27 ① 2 m 91 cm　② 1 m 92 cm
28 ① 8 m 33 cm　② 4 m 11 cm

24회 평가 B

094쪽

1 ×
2 ×
3 ○
4 ×
5 ○
6 ○
7 ×
8 ○
9 5 m 82 cm
10 5 m 38 cm
11 7 m 49 cm
12 10 m 97 cm
13 9 m 88 cm
14 11 m 26 cm

095쪽

15 1 m 23 cm
16 3 m 50 cm
17 3 m 43 cm
18 5 m 41 cm
19 4 m 15 cm
20 4 m 34 cm
21 5, 29
22 9, 68
23 8, 46
24 4, 22
25 3, 61
26 6, 13

25회 몇 시 몇 분

098쪽 | 개념

1 3, 15

2 4, 20

3 7, 35

4 10, 50

5 2, 7 / 2, 2

6 6, 41 / 6, 1

099쪽 | 연습

7 ① 3, 8   ② 9, 23

8 ① 7, 10   ② 10, 25

9 ① 2, 37   ② 8, 51

10 ① 1, 40   ② 11, 45

11

12

13

14

15

100쪽 | 적용

16 · · 20

17 ·

18 · 21

19 · 22

101쪽 | 완성

23 (   ) (○)   **25** (○) (   )

24 (   ) (○)   **26** (○) (   )

+문해력

27 3, 4, 3 / 9, 2, 47 / 3, 47

26회 여러 가지 방법으로 시각 읽기

102쪽 | 개념

1 ① 55   ② 5
    ③ 55, 5

2 ① 55   ② 5
    ③ 55, 5

3 ① 50   ② 10
    ③ 50, 10

4 ① 50   ② 10
    ③ 50, 10

103쪽 | 연습

5 5

6 10

7 5

8 10

9 55

10 50

11 55

12 3, 50 / 4, 10

13 4, 55 / 5, 5

14 9, 55 / 10, 5

15 7, 55 / 8, 5

16 11, 50 / 12, 10

17 5, 45 / 6, 15

104쪽 | 적용

18 ① ②

19 ① ②

20 ① ②

21 ①  ②

22 ① ②

23 8, 5

24 12, 10

25 5, 5

105쪽 | 완성

26 5, 50

27 2, 55

28 10, 50

+문해력

29 6, 55 / 7, 10, 6, 50 / 지후

27회 1시간

106쪽 | 개념

1

2

3

4

5 60

6 60, 60, 180

7 60, 60, 240

8 60, 60, 60, 60, 60, 300

107쪽 | 연습

9 1시 10분 20분 30분 40분 50분 2시 10분 20분 30분 40분 50분 3시 / 2, 10

10 4시 10분 20분 30분 40분 50분 5시 10분 20분 30분 40분 50분 6시 / 5, 40

11 7시 10분 20분 30분 40분 50분 8시 10분 20분 30분 40분 50분 9시 / 8, 30

12 8시 10분 20분 30분 40분 50분 9시 10분 20분 30분 40분 50분 10시 / 9, 20

13 60, 60, 2

14 60, 60, 60, 3

15 60, 60, 60, 4

16 60, 60, 60, 60, 60, 60, 7

17 60, 60, 60, 60, 60, 60, 6

108쪽 | 적용

18 2
19 4
20 5
21 8

22 7, 20
23 11, 25
24 2, 45
25 9, 10
26 5, 35
27 4, 30

109쪽 | 완성

28
29
30

+문해력
31 1, 1, 1, 60 / 60

28회 걸린 시간

110쪽 | 개념

1 60, 90
2 60, 165
3 20, 1, 20
4 35, 2, 35
5 50, 2, 50

6 1, 20
7 1, 10

111쪽 | 연습

8 ① 70 ② 105
9 ① 140 ② 175
10 ① 190 ② 205
11 ① 275 ② 290
12 ① 1, 40 ② 2, 15
13 ① 3, 30 ② 3, 45
14 ① 5, 20 ② 6, 5

15 3시 10분 20분 30분 40분 50분 4시 10분 20분 30분 40분 50분 5시 / 1, 20
16 4시 10분 20분 30분 40분 50분 5시 10분 20분 30분 40분 50분 6시 / 1, 10
17 6시 10분 20분 30분 40분 50분 7시 10분 20분 30분 40분 50분 8시 / 1, 30
18 8시 10분 20분 30분 40분 50분 9시 10분 20분 30분 40분 50분 10시 / 1, 50

112쪽 | 적용

19 (   ) (×) (   )
20 (×) (   ) (   )
21 (   ) (×) (   )
22 (   ) (   ) (×)
23 (   ) (   ) (×)
24 (   ) (×) (   )
25 (×) (   ) (   )

26
27
28
29

113쪽 | 완성

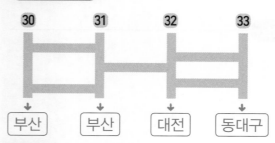

30 부산   31 부산   32 대전   33 동대구

+문해력
34 1, 35 / 1, 35

29회 하루의 시간

114쪽 | 개념

1 오전
2 오후
3 오후
4 오전
5 오전
6 오후
7 오후

8 24, 28
9 24, 48
10 6, 1, 6
11 18, 1, 18
12 20, 1, 20

115쪽 | 연습

13 오후
14 오후
15 오후
16 오전
17 오전
18 오후

19 ① 29 ② 34
20 ① 56 ② 60
21 ① 72 ② 80
22 ① 1, 1 ② 1, 4
23 ① 1, 9 ② 1, 14
24 ① 1, 16 ② 1, 23
25 ① 2, 2 ② 2, 9

116쪽 | 적용

26
27
28
29
30

31 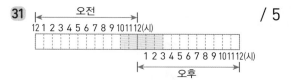 / 5

32 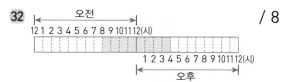 / 8

33 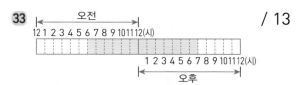 / 13

117쪽 | 완성

34
계획	시작 시각
아침 식사	오전 **7**시
종이접기	오전 **10**시
공부	오후 **1**시
축구	오후 **4**시
일기 쓰기	오후 **8**시

35
계획	시작 시각
그림 그리기	오전 **9**시
공부	오전 **11**시
로봇 만들기	오후 **5**시
숙제	오후 **8**시
잠	오후 **10**시

+문해력
36 10, 2, 2, 2 / 4

30회 달력

118쪽 | 개념

1 금
2 4
3 5
4 4, 11, 18, 25

5 (   ) (○)
6 (○) (   )
7 (   ) (○)
8 (○) (   )
9 (○) (   )

119쪽 | 연습

10 7, 11
11 7, 14
12 7, 19
13 3, 1, 3
14 7, 3
15 4, 3, 4
16 17
17 22
18 5
19 5, 5

20 12, 17
21 12, 22
22 12, 24
23 3, 1, 3
24 8, 1, 8
25 11, 1, 11
26 13
27 26
28 1, 9
29 2, 6

120쪽 | 적용

30 11에 ○표, 24에 △표
31 3에 ○표, 22에 △표
32 8에 ○표, 21에 △표

33

1월							/ 토
일	월	화	수	목	금	토	
				1	2	3	4
5	6	7	8	9	10	11	
12	13	14	15	16	17	18	
19	20	21	22	23	24	25	
26	27	28	29	30	31		

34

9월							/ 수
일	월	화	수	목	금	토	
		1	2	3	4	5	6
7	8	9	10	11	12	13	
14	15	16	17	18	19	20	
21	22	23	24	25	26	27	
28	29	30					

35

4월							/ 목
일	월	화	수	목	금	토	
			1	2	3	4	5
6	7	8	9	10	11	12	
13	14	15	16	17	18	19	
20	21	22	23	24	25	26	
27	28	29	30				

121쪽 | 완성

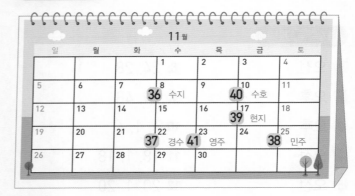

+문해력

42 15, 1, 2, 1 / 2, 1

31회 평가 A

122쪽

1 ① 1, 35 ② 3, 10
2 ① 8, 22 ② 11, 19
3 1, 55 / 2, 5
4 6, 50 / 7, 10
5 9, 45 / 10, 15
6 ①  ②
7 ①  ②
8 ①  ②
9 ①  ②
10 ①  ②

123쪽

11 ① 130　② 165
12 ① 270　② 255
13 ① 1, 50　② 2, 55
14 ① 3, 20　② 4, 5
15 ① 5, 30　② 5, 15
16 ① 52　② 63
17 ① 75　② 82

18 ① 1, 7　② 1, 12
19 ① 2, 7　② 2, 10
20 ① 15　② 18
21 ① 3, 1　② 4, 1
22 ① 19　② 23
23 ① 1, 1　② 1, 6
24 ① 2, 7　② 3, 3

32회 평가 B

124쪽

1 4, 5
2 12, 5
3 3, 10

4 ～ 7

125쪽

8 / 8

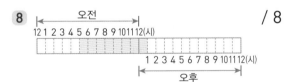

9 / 9

10 / 10

11 5에 ◯표, 25에 △표
12 18에 ◯표, 31에 △표
13 18에 ◯표, 21에 △표

33회 자료를 분류하여 표로 나타내기

128쪽 | 개념

1 7, 5, 8, 20
2 5, 4, 9, 18
3 6
4 4
5 7

129쪽 | 연습

6 5, 4, 6, 15
7 5, 4, 3, 12
8 6, 5, 4, 15
9 피자
10 가수
11 포도
12 캠핑장

130쪽 | 적용

13 5, 2, 4, 2, 13
14 3, 2, 2, 4, 11
15 4, 2, 8, 2, 16
16 2, 2, 4, 3, 11
17 16
18 7
19 2
20 5
21 35
22 10

131쪽 | 완성

23 4 / 홍학
24 2 / 사슴
25 5 / 미어캣

+문해력
26 5, 3, 4, 12 / 티셔츠 / 티셔츠

34회 그래프로 나타내기

132쪽 | 개념

1 색깔
2 학생 수
3 2
4 학생 수
5 계절
6 5

5단원

133쪽 | 연습

7

골 수(골) \ 이름	준영	윤기	효성	민태
5		○		
4		○		○
3		○	○	○
2	○	○	○	○
1	○	○	○	○

8

학생 수(명) \ 외국어	영어	중국어	일본어	스페인어
6		○		
5		○		○
4		○		○
3	○	○		○
2	○	○	○	○
1	○	○	○	○

9

프로그램 \ 학생 수(명)	1	2	3	4	5
예능	○	○			
만화	○	○	○	○	○
드라마	○	○	○		

10

취미 \ 학생 수(명)	1	2	3	4	5
운동	○	○	○	○	○
미술	○	○	○	○	
독서	○	○			

11

악기 \ 학생 수(명)	1	2	3	4	5
플루트	○	○	○		
바이올린	○	○	○	○	
피아노	○	○	○	○	○

134쪽 | 적용

12 4, 1, 3, 2, 10 /

예

학생 수(명) \ 음료	우유	사이다	주스	콜라
4	○			
3	○		○	
2	○		○	○
1	○	○	○	○

13 5, 3, 2, 10 /

예

모양 \ 학생 수(명)	1	2	3	4	5
비행기	○	○			
배	○	○	○		
학	○	○	○	○	○

14 리코더

15 제기차기

16 줄넘기

135쪽 | 완성

17   **18**

+문해력

19 4, 1, 3 / 3

35회 평가 A

136쪽

1 5, 6, 4, 15

2 2, 3, 2, 5, 12

3 6, 3, 7, 4, 20

4 동화책

5 독수리

6 슈크림

7 과자

8 찹쌀떡

137쪽

9

학생 수(명) \ 운동	축구	수영	줄넘기	태권도
7		○		
6		○		
5		○		○
4	○	○		○
3	○	○		○
2	○	○	○	○
1	○	○	○	○

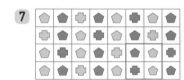

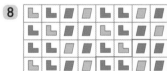

10

학생 수(명)	무용	연주	마술	노래
7				○
6	○			○
5	○			○
4	○		○	○
3	○	○	○	○
2	○	○	○	○
1	○	○	○	○
공연	무용	연주	마술	노래

11

월 \ 날수(일)	1	2	3	4	5
11월	○				
10월	○	○	○		
9월	○	○	○	○	○

12

학용품 \ 학용품 수(개)	1	2	3	4	5
자	○	○	○	○	
풀	○	○			
가위	○	○	○	○	○

13

이름 \ 책 수(권)	1	2	3	4	5
수재	○	○	○		
현우	○	○	○	○	○
지원	○	○			

36회 평가 B

138쪽

1 3, 4, 4, 2, 13   **5** 8

2 2, 2, 4, 2, 10   **6** 7

3 5, 3, 2, 1, 11   **7** 2

4 4, 3, 2, 2, 11   **8** 3

                        9 77

139쪽

10 2, 4, 4, 2, 12 / 예

학생 수(명)	♥	☆	△	▢
4		○	○	
3		○	○	
2	○	○	○	○
1	○	○	○	○
모양	♥	☆	△	▢

11 5, 4, 3, 12 / 예

맛 \ 학생 수(명)	1	2	3	4	5
딸기 맛	○	○	○		
바나나 맛	○	○	○	○	
초콜릿 맛	○	○	○	○	○

12 설악산

13 급식실

14 그네

37회 무늬에서 규칙 찾기

142쪽 | 개념

1 (○) ( )

2 (○) ( )

3 ( ) (○)

4 (○) ( )

5 (○) ( )

6 ( ) ( ) (○) ( )

143쪽 | 연습

7 [무늬 격자]   **14** [도형]

8 [무늬 격자]   **15** [도형]

9 [무늬 격자]   **16** ☆

10 ♥   **17** [도형]

11 ▢   **18** [도형]

12 ⬠   **19** [도형]

13 ▶

6단원

144쪽 | 적용

20 ① ○
   ② 주황색, 연두색

21 ① ○, □, □
   ② 분홍색, 분홍색

22 ① ▽, □
   ② 분홍색, 연두색

23

24

25

26

27

145쪽 | 완성

28

29

30

+문해력
31 ㄱ, ㄴ, ㄴ, 파란, ㄱ, 빨간 / ㄱ

38회 쌓은 모양에서 규칙 찾기

146쪽 | 개념

1 3, 2
2 1, 3
3 1
4 1
5 1
6 1, 1

147쪽 | 연습

7 (○)( )
8 (○)( )
9 ( )(○)
10 (○)( )
11 (○)( )
12 ( )(○)
13 (○)( )
14 (○)( )

148쪽 | 적용

15 2, 3, 4 / 1
16 3, 5, 7 / 2
17 1, 4, 9 / 3, 5
18 9개
19 10개
20 8개
21 8개
22 16개

149쪽 | 완성

23
24
25

+문해력
26 1 / 1, 1, 1, 6 / 6

39회 덧셈표, 곱셈표에서 규칙 찾기

150쪽 | 개념

1 1
2 1
3 4
4 3
5 9
6 6

151쪽 | 연습

※ 위에서부터 채점하세요.

7 5 / 6, 8 / 8, 9 / 11
8 9 / 7, 11 / 13 / 9, 13
9 5 / 9, 10 / 11 / 11, 14
10 7, 11 / 13 / 9 / 13, 17
11 15 / 6, 12 / 21 / 8, 32
12 12 / 24 / 24, 36 / 35, 40
13 14 / 12 / 30, 54 / 24, 56
14 42 / 35, 49 / 32 / 45, 63

152쪽 | 적용

15 예

+	2	3	4	5
3	5	6	7	8
4	6	7	8	9
5	7	8	9	10
6	8	9	10	11

16 예

+	2	4	6	8
1	3	5	7	9
3	5	7	9	11
5	7	9	11	13
7	9	11	13	15

17

×	2	3	4	5
2	4	6	8	10
3	6	9	12	15
4	8	12	16	20
5	10	15	20	25

18

×	6	7	8	9
6	36	42	48	54
7	42	49	56	63
8	48	56	64	72
9	54	63	72	81

19

+	5	6	7	8	9
1	6	7	8	9	10
2	7	8	9	10	11
3	8	9	10	11	12
4	9	10	11	12	13
5	10	11	12	13	14

20

+	3	4	5	6	7
3	6	7	8	9	10
4	7	8	9	10	11
5	8	9	10	11	12
6	9	10	11	12	13
7	10	11	12	13	14

21

×	5	6	7	8	9
5	25	30	35	40	45
6	30	36	42	48	54
7	35	42	49	56	63
8	40	48	56	64	72
9	45	54	63	72	81

153쪽 | 완성

22 13, 7

23 9, 12, 14

24 24, 24, 25

25 21, 42, 72

+문해력

26 1, 1, 16 / 16

40회 평가 A

154쪽

1

2

3

♥	●	■	□	♥	○	■	■
♥	○	■	■	♥	●	■	■
♥	●	■	■	♥	○	■	■
♥	●	■	□	♥	○	■	■

4

5

6

7

8 (○) ( )

9 ( ) (○)

10 (○) ( )

155쪽

※ 위에서부터 채점하세요.

11 7 / 6, 10 / 5 / 8, 12

12 10 / 10, 12 / 12, 14 / 14

13 6, 9 / 8 / 8, 11 / 10

14 4, 6 / 4 / 10 / 8, 12

15 6 / 6, 12 / 12 / 10, 25

16 10 / 28 / 6, 30 / 24, 56

17 24, 27 / 28 / 30 / 42, 54

18 12 / 0, 30 / 14, 28 / 36

41회 평가 B

156쪽

1

2

3

4

5

6 4, 5, 6 / 1

7 2, 4, 6 / 2

8 1, 4, 7 / 3

157쪽

9 10개

10 5개

11 8개

12 10개

13 10개

14

+	0	1	2	3	4
1	1	2	3	4	5
3	3	4	5	6	7
5	5	6	7	8	9
7	7	8	9	10	11
9	9	10	11	12	13

15

×	5	6	7	8	9
5	25	30	35	40	45
6	30	36	42	48	54
7	35	42	49	56	63
8	40	48	56	64	72
9	45	54	63	72	81

16

×	2	3	4	5	6
2	4	6	8	10	12
3	6	9	12	15	18
4	8	12	16	20	24
5	10	15	20	25	30
6	12	18	24	30	36

42회 1~6단원 총정리

158쪽

1 800

2 500

3 30

4 1607

5 4235

6 8536

7 ① 6　② 35

8 ① 18　② 24

9 ① 36　② 48

10 ① 56　② 45

11 ① 7　② 0

12 8, 16

13 6, 30

14 3, 27

159쪽

15 ① 4 m 80 cm　② 6 m 50 cm

16 ① 8 m 49 cm　② 7 m 63 cm

17 ① 1 m 20 cm　② 4 m 60 cm

18 ① 2 m 24 cm　② 5 m 72 cm

19 ① 6 m 70 cm　② 3 m 15 cm

20 ① 7 m 79 cm　② 2 m 34 cm

21 ① 5, 58　② 10, 27

22 6, 55 / 7, 5

23 2, 50 / 3, 10

24 ① 150　② 1, 40

25 ① 29　② 38

160쪽

※ 위에서부터 채점하세요.

26 5, 4, 3, 4, 16

27

날수(일) 월	7월	8월	9월	10월
5		○		
4	○	○		
3	○	○	○	
2	○	○	○	
1	○	○	○	○

28

29

30 8, 11 / 10, 12 / 13, 15 / 15, 16

31 8, 10 / 9, 12 / 16, 20 / 10, 15

1~2학년 1, 2학기(전 4권)

어휘력을 높이는
초능력 맞춤법 + 받아쓰기

· 쉽고 빠르게 배우는 **맞춤법 학습**

· 단계별 낱말과 문장 **바르게 쓰기 연습**

· 학년, 학기별 국어 교과서 **어휘 학습**

➕ 선생님이 불러 주는 듣기 자료, 맞춤법 원리 학습 동영상 강의

1~2학년 대상

빠르고 재밌게 배우는
초능력 구구단

· 3회 누적 학습으로 **구구단 완벽 암기**

· 기초부터 활용까지 **3단계 학습**

· 개념을 시각화하여 **직관적 구구단 원리 이해**

· 다양한 유형으로 구구단 **유창성과 적용력 향상**

➕ 구구단송

1~2학년 대상

원리부터 응용까지
초능력 시계·달력

· 초등 1~3학년에 걸쳐 있는 시계 학습을 **한 권으로 완성**

· 기초부터 활용까지 **3단계 학습**

· 개념을 시각화하여 **시계달력 원리를 쉽게 이해**

· 다양한 유형의 **연습 문제와 실생활 문제로 흥미 유발**

➕ 시계·달력 개념 동영상 강의

큐브 연산

정답 │ 초등 수학 2·2

연산 | 전 단원 연산을 다잡는 기본서

개념 | 교과서 개념을 다잡는 기본서

유형 | 모든 유형을 다잡는 기본서

시작만 했을 뿐인데 완북했어요!

시작만 했을 뿐인데 그 끝은 완북으로! 학습할 땐 힘들었지만 큐브 연산으로 기초를 튼튼하게 다지면서 새 학기 때 수학의 자신감은 덤으로 뿜뿜할 수 있을 듯 해요^^

초1중2민지사랑민찬

아이 스스로 얻은 성취감이 커서 너무 좋습니다!

아이가 방학 중에 개념 공부를 마치고 수학이 세상에서 제일 싫었다가 이제는 좋아졌다고 하네요. 아이 스스로 얻은 성취감이 커서 너무 좋습니다. 자칭 수포자 아이와 함께 이렇게 쉽게 마친 것도 믿어지지 않네요.

초5 초3 유유

자세한 개념 설명 덕분에 부담없이 할 수 있어요!

처음에는 할 수 있을까 욕심을 너무 부리는 건 아닌가 신경 쓰였는데, 선행용, 예습용으로 하기에 입문하기 좋은 난이도와 자세한 개념 설명 덕분에 아이가 부담없이 할 수 있었던 거 같아요~

초5워킹맘

큐브 찐-후기

심리적으로 수학과 가까워진 거 같아서 만족해요!

아이는 처음 배우는 개념을 정독한 후 문제를 풀다 보니 부담감 없이 할 수 있었던 것 같아요. 매일 아이가 제일 먼저 공부하는 책이 큐브였어요. 그만큼 심리적으로 수학과 가까워진 거 같아서 만족스러워요.

초2 산들바람

결과는 대성공! 공부 습관과 함께 자신감 얻었어요!

겨울방학 동안 공부 습관 잡아주고 싶었는데 결과는 대성공이었습니다. 다른 친구들과 함께한다는 느낌 때문인지 아이가 책임감을 느끼고 참여하는 것 같더라고요. 덕분에 공부 습관과 함께 수학 자신감을 얻었어요.

스리마미

엄마표 학습에 동영상 강의가 도움이 되었어요!

동영상 강의가 있어서 설명을 듣고 개념 정리 문제를 풀어보니 보다 쉽게 이해할 수 있었어요. 엄마표로 진행하는 거라 엄마인 저도 막히는 부분이 있었는데 동영상 강의가 많은 도움이 되었네요.

3학년 칭칭맘

수학 개념을 제대로 잡을 수 있어요!

처음에는 어려웠던 개념들도 차분히 문제를 풀어보면서 자신감을 얻은 거 같아서 아이도 엄마도 즐거웠답니다. 6주 동안 큐브 개념으로 4학년 1학기 수학 개념을 제대로 잡을 수 있어서 너무 뿌듯했어요.

초4초6 너굴사랑